# ARITHMÉTIQUE

# A LA MÊME LIBRAIRIE

Abbeville. — Typ. et stér. Gustave Retaux

# COURS D'ÉTUDES SCIENTIFIQUES

## A L'USAGE DES CANDIDATS

### AU BACCALAURÉAT ÈS SCIENCES ET AUX ÉCOLES DU GOUVERNEMENT

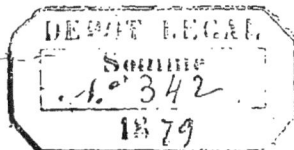

# ARITHMÉTIQUE

PAR

## J. DUFAILLY

PROFESSEUR AU COLLÉGE STANISLAS

### Cinquième édition

PARIS

LIBRAIRIE CH. DELAGRAVE

15, RUE SOUFFLOT, 15

1879

*Tout exemplaire de cet ouvrage non revêtu de notre griffe sera réputé contrefait.*

*Ch. Delagrave*

# ÉLÉMENTS
# D'ARITHMÉTIQUE

## CHAPITRE PREMIER.

NOTIONS PRÉLIMINAIRES. — NUMÉRATION. — OPÉRATIONS
FONDAMENTALES SUR LES NOMBRES ENTIERS.

### NOTIONS PRÉLIMINAIRES.

**1. Définitions.** — On nomme *unité* un objet quelconque abstraction faite de sa nature, et *nombre*, la réunion de plusieurs unités de la même espèce, ou encore l'unité elle-même.

En ajoutant une unité à un nombre, on forme le nombre suivant. La suite des nombres est donc illimitée.

L'*Arithmétique* est la science des nombres. Elle apprend à calculer, c'est-à-dire à combiner les nombres entre eux ; de plus elle étudie leurs propriétés.

### NUMÉRATION.

**2. Définition.** — La numération a pour but d'énoncer et d'écrire les nombres. Elle se divise en deux parties : la numération parlée et la numération écrite.

**3. Numération parlée.** — Pour arriver à nommer les nombres jusqu'à une limite très-reculée à l'aide de peu de mots, on a établi les conventions suivantes.

D'abord les premiers nombres se nomment :

*un, deux, trois, quatre, cinq, six, sept, huit, neuf.*

Le suivant appelé *dix* constitue une nouvelle unité nommée *dizaine* ; de même la réunion de dix dizaines forme une centaine ou *cent* ; de même :

Dix centaines forment une unité de mille ou *mille* ;

Dix unités de mille forment une dizaine de mille ou *dix mille* ;

Dix dizaines de mille forment une centaine de mille ou *cent mille* ;

Dix centaines de mille forment une unité de million ou *million* ;

Dix unités de million forment une dizaine de millions ou *dix millions* ;

Dix dizaines de millions forment une centaine de millions ou *cent millions* ;

Dix centaines de millions forment une unité de billion ou *milliard* ; et ainsi de suite.

Les unités, dizaines, centaines, etc., s'appellent unités du 1er, du 2e, du 3e.... ordre. L'unité du 1er ordre se désigne aussi par le nom d'unité simple.

**4.** Considérons maintenant un nombre quelconque supérieur à neuf. On peut grouper dix par dix les unités de ce nombre : chaque groupe est une dizaine et s'il reste des unités n'ayant pu être groupées, leur nombre est nécessairement inférieur à dix. Les dizaines peuvent être elles-mêmes groupées dix par dix : chaque groupe est une centaine et s'il reste des dizaines que l'on n'a pu grouper, leur nombre est moindre que dix. Les centaines à leur tour peuvent être réunies dix à dix pour former des mille et ainsi de suite jusqu'à ce qu'on arrive à des unités d'un certain ordre en nombre moindre que dix. — On voit ainsi que tout nombre peut être regardé comme composé d'unités des différents ordres, unités simples, dizaines, centaines.... le nombre des unités de chaque ordre étant moindre que dix.

Par suite un nombre quelconque peut être énoncé à l'aide des mots qui ont été indiqués plus haut.

Ainsi, si un nombre renferme huit unités simples, une dizaine, cinq centaines, sept mille, une dizaine de mille, huit centaines de mille et neuf millions, on l'énoncera :

*neuf millions huit cent dix-sept mille cinq cent dix-huit unités.*

**5.** Les nombres dix un, dix deux, dix trois, dix quatre, dix cinq, dix six ont reçu les noms particuliers :

*onze, douze, treize, quatorze, quinze, seize.*

De même au lieu de dire : deux dix, trois dix... neuf dix, on énonce :

*vingt, trente, quarante, cinquante, soixante, soixante-dix (ou septante), quatre-vingts (ou octante), quatre-vingt-dix (ou nonante).*

**6.** Les unités simples, mille, millions, billions..... se nomment quelquefois *unités principales.* On peut remarquer que de trois en trois ordres les unités portent les mêmes noms suivis du nom de l'unité principale correspondante.

**7. Numération écrite.** — Pour représenter les nombres par l'écriture, on se sert des dix caractères suivants que l'on nomme *chiffres :*

1 2 3 4 5 6 7 8 9 0.

Les neuf premiers servent à représenter les nombres :

un; deux, trois, quatre, cinq, six, sept, huit, neuf.

Le dixième appelé zéro sert à indiquer l'absence d'unités.

Tous les nombres, quelque grands qu'ils soient, peuvent être écrits avec les caractères qui précèdent, moyennant la convention suivante :

*Tout chiffre écrit à la gauche d'un autre exprime des unités d'un ordre immédiatement supérieur à l'ordre des unités représentées par cet autre chiffre.*

On a vu en effet (4) que tout nombre peut être considéré comme se composant d'unités des différents ordres en nombre inférieur à dix pour chaque ordre en particulier. On a donc les caractères nécessaires pour représenter le nombre d'unités de chaque ordre et le moyen de les grouper convenablement.

Le zéro en indiquant l'absence d'unités permet de conserver aux autres chiffres nommés *signes significatifs*, le rang qui convient à l'ordre des unités qu'ils représentent.

Ainsi le nombre cinquante mille deux cent cinq unités s'écrira :

50205.

**8.** On nomme *valeur absolue* d'un chiffre la valeur qui dépend de sa forme, et *valeur relative,* celle qui dépend de sa position dans un nombre. Ainsi dans l'exemple précédent, le signe 5 a pour valeur absolue cinq. La valeur relative du chiffre 5 placé à droite est 5 unités ; celle du chiffre 5 placé à gauche est cinq dizaines de mille.

**9.** Pour écrire en chiffres un nombre énoncé, on commence par écrire le chiffre qui indique le nombre de ses unités les plus élevées, puis on place successivement à la suite en allant vers la droite les chiffres qui indiquent combien le nombre renferme d'unités des différents ordres, en ayant soin d'écrire un zéro toutes les fois qu'une unité d'un certain ordre vient à manquer dans le nombre.

**10.** Pour énoncer un nombre écrit en chiffres, on se base sur ce que de trois en trois ordres les unités portent les mêmes noms suivis du nom de l'unité principale correspondante. On partage donc le nombre en tranches de trois chiffres en allant de droite à gauche, la dernière tranche à gauche pouvant ne contenir qu'un ou deux chiffres. Puis commençant par cette dernière, on lit successivement chaque tranche comme si elle était seule en allant vers la droite et en donnant à chacune d'elles le nom des unités principales qu'elle représente.

Ainsi le nombre 72654008 s'énonce :

Soixante-douze millions, six cent cinquante-quatre mille, huit unités.

**11.** On nomme *base* d'un système de numération le nombre d'unités nécessaire pour former une unité de l'ordre immédiatement supérieur.

Dix est la base du système qui vient d'être exposé et que l'on nomme pour cette raison système *décimal*.

Tout nombre autre que un peut être pris pour base d'un système de numération. — On remarquera que le nombre des chiffres employés pour écrire les nombres dans un système quelconque est égal à la base du système adopté.

## OPÉRATIONS FONDAMENTALES SUR LES NOMBRES ENTIERS.

## ADDITION.

**12. Définition.** — *L'addition est une opération qui a pour but de former un nombre contenant toutes les unités renfermées dans deux ou plusieurs nombres donnés.* Le résultat de l'addition se nomme *somme ou total.*

On indique l'addition à l'aide du signe + qui signifie *plus.* Ainsi 5 + 7 représente la somme des nombres 5 et 7 et s'énonce 5 plus 7.

**13. Règle.** — Si les nombres à additionner ne renferment chacun qu'un seul chiffre, on obtient leur somme en ajoutant successivement au premier nombre chacune des unités que renferme le second, puis au résultat chacune des unités du troisième nombre et ainsi de suite jusqu'au dernier.

Si les nombre à additionner renferment plusieurs chiffres, on obtiendra évidemment leur somme en ajoutant d'abord leurs unités, puis leurs dizaines, leurs centaines, etc., et en réunissant les résultats partiels On est conduit ainsi à la règle suivante :

*Pour additionner plusieurs nombres, on les écrit les uns sous les autres de manière que leurs unités de même ordre se correspondent, puis on additionne les chiffres contenus dans la colonne des unités : si la somme ne surpasse pas 9, on l'écrit telle qu'on la trouve ; dans le cas contraire, on n'écrit que les unités et l'on retient les dizaines pour les reporter à la colonne des dizaines. On opère sur celle-ci comme sur celle des unités, et l'on retient s'il y a lieu les centaines pour les ajouter à la colonne des centaines et ainsi de suite jusqu'à la colonne des plus hautes unités, sous laquelle on écrit la somme telle qu'on la trouve.*

Exemple. — Additionner les nombres :

$$
\begin{array}{r}
6748 \\
9327 \\
3776 \\
\hline
\text{Somme} \quad 19851
\end{array}
$$

On dira : 8 et 7 font 15, 15 et 6 font 21 ou 1 unité que l'on pose et 2 dizaines que l'on retient pour les reporter à la colonne des dizaines. Puis, 2 de retenue et 4 font 6, 6 et 2 font 8, 8 et 7 font 15 ou 5 dizaines que l'on pose et 1 centaine que l'on retient pour la reporter à la colonne des centaines. Passant à cette colonne, on dit 1 de retenue et 7 font 8, 8 et 3 font 11, 11 et 7 font 18 ou 8 centaines que l'on pose et 1 mille que l'on retient. Enfin 1 de retenue et 6 font 7, 7 et 9 font 16, 16 et 3 font 19 mille que l'on écrit. Le résultat est donc 19851.

REMARQUE. Il convient de faire l'opération en allant de droite à gauche comme il vient d'être indiqué, car si l'on suivait un autre ordre, on serait exposé, à cause des retenues, à modifier des chiffres déjà écrits. — Dans le cas où il n'y a pas de retenues, on peut évidemment opérer dans tel ordre que l'on veut.

**14. Preuve.** — On nomme *preuve* d'une opération une autre opération à l'aide de laquelle on vérifie l'exactitude de la première. Pour faire la preuve de l'addition on peut recommencer l'opération en additionnant de bas en haut si l'on a d'abord opéré de haut en bas, ou *vice versa*. Si l'opération première a été faite exactement, on doit retrouver le même résultat.

## SOUSTRACTION.

**15. Définition.** — *La soustraction est une opération qui a pour but de retrancher d'un nombre les unités contenues dans un autre nombre.* Le résultat se nomme *reste*, *excès* ou *différence.*

On indique la soustraction à l'aide du signe — qui signifie *moins.* Ainsi 9 — 4 représente la différence des nombres 9 et 4 et s'énonce 9 moins 4.

**16. Règle.** — Si le nombre à soustraire ne contient qu'un chiffre, on obtiendra le reste de la soustraction en retranchant du premier nombre successivement toutes les unités du nombre à soustraire.

Si le nombre à soustraire renferme plusieurs chiffres, il est clair qu'on obtiendra le résultat en retranchant les unités, dizaines, centaines, etc., de ce nombre, des unités, dizaines, centaines, etc., du plus grand nombre et en réunissant les résultats partiels obtenus. De là cette règle :

*Pour soustraire un nombre d'un autre, on place le plus petit sous le plus grand, de manière que les unités de même ordre se correspondent. On retranche ensuite en allant de droite à gauche chaque chiffre inférieur du chiffre supérieur correspondant et l'on a ainsi les chiffres qui composent le reste cherché.*

Cette règle suppose que toutes les soustractions partielles sont possibles. Or il peut arriver qu'un chiffre inférieur soit plus grand que le chiffre supérieur correspondant. *Dans ce cas, on augmente le chiffre trop faible de 10 unités de son ordre et en même temps on augmente d'une unité de son ordre le chiffre inférieur placé immédiatement à gauche du chiffre trop fort.* De cette façon la soustraction est rendue possible et le résultat définitif n'est pas altéré puisque les deux nombres proposés ont été augmentés d'une même quantité.

EXEMPLE. — Soustraire 3869 de 5217.

$$
\begin{array}{r}
5217 \\
5869 \\
\hline
\text{Différence} \quad 1348
\end{array}
$$

9 ne pouvant se retrancher de 7, on ajoute 10 unités à ce dernier chiffre et une dizaine au chiffre 6 du nombre à soustraire ; on dit alors 9 ôté de 17 reste 8 que l'on pose, puis comme on ne peut retrancher de 1 le nombre 6 plus 1 ou 7, on ajoute encore 10 au chiffre trop faible, une unité de centaine au chiffre 8 et l'on dit : 7 ôté de 11 reste 4 que l'on pose et 8 plus 1 ou 9 ôté de 2. Cette opération ne pouvant s'effectuer, on ajoute 10 au chiffre 2 et 1 unité au chiffre 3 et l'on dit : 8 plus 1 ôté de 12 reste 3 et 3 plus 1 ou 4 ôté de 5 reste 1. Le résultat de l'opération est donc 1348.

REMARQUE. Il est bon de faire l'opération en allant de droite à gauche comme il vient d'être indiqué afin de ne pas être exposé à modifier des chiffres déjà écrits, ce qui arriverait dans le cas ci-dessus examiné. — On peut opérer dans tel ordre que l'on veut lorsque toutes les soustractions partielles sont possibles, c'est-à-dire lorsque chaque chiffre du nombre à soustraire est plus faible que le chiffre correspondant du nombre dont on soustrait.

**17. Preuve.** — Pour faire la preuve de la soustraction, il suffit d'additionner le plus petit nombre avec le reste : on doit trouver pour résultat le plus grand nombre, si la soustraction a été faite exactement.

REMARQUE. — La soustraction peut être définie, *une opération qui a pour but, étant donnés la somme de deux nombres et l'un de ces nombres, de trouver l'autre.*

**18. Théorème.** — *Pour retrancher d'un nombre la différence de deux autres, il suffit d'ajouter à ce nombre le plus petit des deux autres et de retrancher du résultat le plus grand.*

En effet, soit à retrancher de 642 la différence 75 — 22 : si l'on ajoute 22 aux deux nombres sur lesquels la soustraction doit se faire, leur différence restera la même. On est donc ramené à retrancher de 642 + 22 le nombre 75 — 22 + 22 ou 75, ce qui donne pour résultat 642 + 22 — 75.

Faisant usage du signe = qui signifie *égale* et indiquant à l'aide d'une parenthèse que la différence non effectuée 75 — 22 doit être retranchée de 642, on peut exprimer le théorème par l'égalité :

$$642 - (75 - 22) = 642 + 22 - 75.$$

## MULTIPLICATION.

**19. Définition.** — *La multiplication est une opération qui a pour but de répéter un nombre nommé multiplicande autant de fois qu'il y a d'unités dans un autre nombre nommé multiplicateur.* Le résultat de l'opération se nomme *produit*. Le multiplicande et le multiplicateur s'appellent les *facteurs* du produit.

La multiplication s'indique par le signe × qui signifie *multiplié par*. Ainsi 8 × 7 représente le produit de 8 par 7 et s'énonce 8 multiplié par 7.

**20.** Il résulte de la définition de la multiplication qu'il suffirait pour multiplier un nombre par un autre de faire la somme d'autant de nombres égaux au premier qu'il y a d'unités dans le second. La longueur de ce procédé le rendrait la plupart du temps impraticable. Nous allons indiquer la règle plus expéditive que l'on suit pour faire une multiplication.

Nous examinerons successivement différents cas.

### 21. Multiplication de deux nombres d'un seul chiffre.

— Dans ce cas, on fait simplement l'addition d'autant de nombres égaux au multiplicande qu'il y a d'unités dans le multiplicateur. Il est d'ailleurs essentiel de connaître par cœur les produits deux à deux des neuf premiers nombres. Ces produits sont renfermés dans le tableau suivant nommé *table de multiplication* ou de *Pythagore*.

| 1 | 2 | 3 | 4 | 5 | 6 | 7 | 8 | 9 |
|---|---|---|---|---|---|---|---|---|
| 2 | 4 | 6 | 8 | 10 | 12 | 14 | 16 | 18 |
| 3 | 6 | 9 | 12 | 15 | 18 | 21 | 24 | 27 |
| 4 | 8 | 12 | 16 | 20 | 24 | 28 | 32 | 36 |
| 5 | 10 | 15 | 20 | 25 | 30 | 35 | 40 | 45 |
| 6 | 12 | 18 | 24 | 30 | 36 | 42 | 48 | 54 |
| 7 | 14 | 21 | 28 | 35 | 42 | 49 | 56 | 63 |
| 8 | 16 | 24 | 32 | 40 | 48 | 56 | 64 | 72 |
| 9 | 18 | 27 | 36 | 45 | 54 | 63 | 72 | 81 |

Voici comment cette table est construite :

La première ligne horizontale contient les neuf premiers nombres ; la seconde est formée des résultats obtenus en ajoutant à eux-mêmes les nombres de la première. La troisième ligne contient les nombres obtenus en additionnant chacun des nombres de la seconde avec le nombre correspondant de la première. La quatrième ligne est formée des résultats de l'addition de chacun des nombres de la troisième avec le nombre correspondant de la première et ainsi de suite. Les lignes horizontales contiennent donc les produits des neuf premiers nombres par 1, 2, 3... 9.

Pour se servir de la table, on lit le multiplicande sur la première ligne horizontale et le multiplicateur sur la première ligne verticale à gauche. On suit les lignes verticale et horizontale qui commencent par les deux facteurs, le nombre que l'on trouve à leur rencontre est le produit demandé, ce qui résulte immédiatement de la construction de la table.

**22. Multiplication d'un nombre de plusieurs chiffres par un nombre d'un seul chiffre.** — Soit à multiplier 6327 par 8. Il s'agit d'après la définition de répéter 8 fois le nombre 6327 : Il résulte de la règle de l'addition que l'on obtiendra le produit en répétant 8 fois successivement les unités, dizaines, centaines, mille du multiplicande et en additionnant les résultats obtenus.

On dira donc : 8 fois 7 unités font 56 unités ou 6 unités et 5 dizaines, 8 fois 2 dizaines font 16 dizaines qui augmentées des 5 dizaines provenant du produit précédent donnent 21 dizaines ou 1 dizaine et 2 centaines, 8 fois 3 centaines font 24 centaines et 2 centaines provenant du produit précédent font 26 centaines ou 6 centaines et 2 mille, enfin 8 fois 6 mille font 48 mille et 2 mille du produit précédent donnent 50 mille. Le produit est donc :

50616.

Ainsi, pour multiplier un nombre de plusieurs chiffres par un nombre d'un seul chiffre, on multiplie, en allant de droite à gauche, les unités des divers ordres dont se compose le multiplicande par le multiplicateur, en ayant soin d'ajouter à chaque produit partiel les unités de même espèce provenant du produit partiel précédent.

**23. Multiplication d'un nombre par l'unité suivie d'un ou plusieurs zéros.** — Il suffit dans ce cas d'écrire à la droite du nombre autant de zéros qu'il y en a après l'unité. De cette façon, en effet, chacun des chiffres du multiplicande se trouvant reculé de 1, 2, 3... rangs vers la gauche représente des unités 10, 100, 1000 fois plus grandes. Le nombre tout entier est donc rendu lui-même 10, 100, 1000... fois plus grand, c'est-à-dire est multiplié par 10, 100, 1000.....

**24. Multiplication d'un nombre par un chiffre autre que l'unité, suivi d'un ou plusieurs zéros.** — Soit à multiplier 372 par 400. Il faut pour obtenir le résultat répéter le multiplicande 400 fois. Supposons qu'on ait écrit 400 fois le nombre 372 et que l'on groupe tous ces nombres 4 par 4. On formera ainsi 100 groupes dont la somme sera le produit demandé. Or chaque groupe vaut $372 \times 4$, et la somme de tous les groupes vaut 100 fois l'un d'eux, donc on aura le produit en multipliant 372 par 4 et en écrivant deux zéros à la droite du résultat.

Ainsi, pour multiplier un nombre par un chiffre suivi de zéros, il suffit de multiplier le nombre par ce chiffre et d'écrire à la droite du produit autant de zéros que le multiplicateur en contient.

**25. Cas général de la multiplication.** — Soit à multiplier 372 par 428. D'après la définition, il faut répéter 428 fois le nombre 372, ou, ce qui revient au même, le répéter 8 fois, puis 20 fois, puis 400 fois et ajouter les produits partiels.

Or on a vu comment on multiplie un nombre par des nombres tels que 8, 20 et 400. On n'aura donc qu'à appliquer les règles établies précédemment et qu'à additionner les résultats partiels.

On dispose l'opération comme il suit :

$$
\begin{array}{r}
372 \\
428 \\
\hline
2976 \\
744\phantom{0} \\
1488\phantom{00} \\
\hline
159216
\end{array}
$$

On évite de cette façon d'écrire des zéros à la droite des produits par 2 et 4, et les produits partiels se trouvent placés convenablement pour qu'on puisse en faire la somme.

**26. Règle.** — De ce qui précède, résulte la règle suivante :

*Pour multiplier deux nombres l'un par l'autre, on écrit le multiplicateur sous le multiplicande et l'on multiplie ce dernier successivement par les chiffres du multiplicateur en allant de droite à gauche. On écrit les produits partiels au dessous les uns des autres en plaçant le premier chiffre à droite de chacun d'eux de telle sorte qu'il exprime des unités de même espèce que le chiffre du multiplicateur qui lui a donné naissance : on additionne ensuite les produits partiels et l'on a le produit total.*

**27. Cas particulier.** — *Les deux facteurs sont terminés par des zéros.* Soit à multiplier 37000 par 1800. Il faut répéter 1800 fois le nombre 37000. On aura évidemment le résultat en répétant 1800 fois le nombre 37 et en faisant exprimer des mille au produit, c'est-à-dire en écrivant 3 zéros à sa droite. Mais pour multiplier 37 par 1800 on n'a qu'à le multiplier par 18 et qu'à écrire deux zéros à la droite du produit, ce qui résulte du raisonnement employé plus haut (24). En résumé donc, on multipliera 37 par 18 et l'on écrira à la droite du résultat deux plus trois, en tout cinq zéros.

Donc *pour faire le produit de deux nombres terminés par des zéros, on supprime les zéros, puis ayant multiplié les nombres ainsi obtenus, on écrit à la droite du produit autant de zéros qu'on en a supprimé dans l'un et l'autre facteur.*

**28. Preuve de la multiplication.** — Pour faire la preuve de la multiplication, on recommence l'opération après avoir interverti l'ordre des facteurs. On doit retrouver le même produit si l'opération a été faite exactement. Ceci résulte d'un principe que l'on démontrera ultérieurement (32).

**29. Nombre des chiffres d'un produit.** — *Le produit de deux facteurs a au plus autant de chiffres qu'il y en a dans les deux facteurs réunis, et au moins ce même nombre diminué de un.*

Supposons en effet que le multiplicande ayant 5 chiffres, le multiplicateur en ait 3. Ce dernier est alors un nombre compris entre le nombre formé par l'unité suivie de 2 zéros et celui formé par l'unité suivie de 3 zéros. Le produit est donc un nombre compris entre le multiplicande suivi de 2 zéros et le multiplicande suivi de 3 zéros. Il a donc au plus $5 + 3$ chiffres et au moins $5 + 3 - 1$, ce qu'il fallait démontrer.

**30. Définition.** — On nomme *produit de plusieurs facteurs* le résultat que l'on obtient en multipliant un nombre par un second, puis le produit par un troisième, puis le nouveau produit par un quatrième, etc.

$7 \times 8 \times 9 \times 11$ est l'indication d'un produit de plusieurs facteurs. Cette expression signifie qu'il faut multiplier 7 par 8 puis le produit obtenu par 9 et le nouveau résultat par 11.

On déduit du principe précédent (29) que *le nombre des chiffres d'un produit de plusieurs facteurs est au plus égal à la somme des nombres de chiffres de tous les facteurs, et au moins égal à cette somme diminuée d'autant d'unités qu'il y a de facteurs moins un.*

**31. Puissances.** — On nomme *puissance* d'un nombre le produit de plusieurs facteurs égaux à ce nombre. Suivant qu'il y a 2, 3, 4... facteurs, le produit se nomme la seconde puissance, la troisième puissance, la quatrième puissance... La seconde puissance porte encore le nom de *carré*, la troisième celui de *cube*. On indique d'une manière abrégée une puissance d'un nombre en écrivant à la droite de ce nombre et un peu en haut un nombre nommé *exposant* qui exprime le degré de la puissance, c'est-à-dire le nombre de facteurs égaux qu'elle renferme.

Ainsi $17^4$ veut dire la 4ᵉ puissance de 17 ou

$$17 \times 17 \times 17 \times 17.$$

REMARQUE. — Une puissance quelconque de 10 est égale à l'unité suivie d'autant de zéros qu'il y a d'unités dans le degré de la puissance.

THÉORÈMES RELATIFS A LA MULTIPLICATION.

**32. Théorème I.** — *Le produit de plusieurs facteurs ne change pas dans quelque ordre que l'on effectue la multiplication.*

1° Supposons d'abord qu'il s'agisse de deux facteurs, 5 et 3 par exemple, on va prouver que

$$5 \times 3 = 3 \times 5.$$

Écrivons l'unité 5 fois sur une ligne horizontale et répétons cette ligne 3 fois, nous formerons le tableau suivant :

$$\begin{array}{ccccc} 1 & 1 & 1 & 1 & 1 \\ 1 & 1 & 1 & 1 & 1 \\ 1 & 1 & 1 & 1 & 1 \end{array}$$

Les unités renfermées dans ce tableau étant additionnées par lignes horizontales, on trouve pour leur somme 5 répété 3 fois ou $5 \times 3$.

Ces mêmes unités additionnées par lignes verticales donnent pour somme, 3 répété 5 fois ou $3 \times 5$.

Or la valeur de leur somme est évidemment indépendante de l'ordre qu'on a suivi pour les additionner, donc :

$$5 \times 3 = 3 \times 5.$$

Ce qu'il fallait démontrer.

2º Soit maintenant un produit de 3 facteurs $5 \times 3 \times 4$ : on va prouver qu'on peut intervertir l'ordre des deux derniers facteurs, c'est-à-dire que :

$$5 \times 3 \times 4 = 5 \times 4 \times 3.$$

Écrivons 5 trois fois sur une ligne horizontale et répétons cette ligne horizontale quatre fois, nous formerons le tableau suivant :

$$
\begin{array}{ccc}
5 & 5 & 5 \\
5 & 5 & 5 \\
5 & 5 & 5 \\
5 & 5 & 5
\end{array}
$$

En additionnant par lignes horizontales le résultat est $5 \times 3 \times 4$; et par lignes verticales : $5 \times 4 \times 3$. Donc comme dans l'un et l'autre cas sa valeur est évidemment la même, on a :

$$5 \times 3 \times 4 = 5 \times 4 \times 3.$$

3º Nous allons maintenant démontrer que dans un produit d'un nombre quelconque de facteurs on peut intervertir l'ordre de deux facteurs consécutifs quelconques. Ainsi que, par exemple :

$$12 \times 7 \times 5 \times 4 \times 3 = 12 \times 7 \times 4 \times 5 \times 3.$$

Il est évident que l'on peut considérer tous les facteurs qui précèdent 5 comme ne formant qu'un seul nombre égal à leur produit effectué. Si l'on indique ce produit au moyen d'une parenthèse, on a donc à prouver que :

$$(12 \times 7) \times 5 \times 4 \times 3 = (12 \times 7) \times 4 \times 5 \times 3. \quad (1)$$

Or d'après ce qui précède (2º), on sait que

$$(12 \times 7) \times 5 \times 4 = (12 \times 7) \times 4 \times 5.$$

Les produits obtenus en multipliant par 3 ces deux quantités égales sont donc égaux et l'égalité (1) est ainsi démontrée.

4º De ce qui précède, il résulte enfin qu'on peut sans altérer un produit de facteurs intervertir comme on veut l'ordre de ces facteurs; car l'un quelconque d'entre eux peut être amené au moyen d'inversions successives à occuper dans le produit toutes les places possibles.

**33. Théorème II.** — *Pour muliplier un nombre par un*

*produit de plusieurs facteurs, on peut multiplier ce nombre par le premier facteur, puis le produit obtenu par le second facteur, et ainsi de suite.*

Soit à multiplier 27 par le produit 60 des facteurs 5, 4 et 3 ; on a d'après le théorème I :

$$27 \times 60 = 60 \times 27.$$

Mais $60 \times 27$ peut s'écrire $5 \times 4 \times 3 \times 27$ et ce dernier produit vaut lui-même $27 \times 5 \times 4 \times 3$, d'après le théorème I : donc

$$27 \times (5 \times 4 \times 3) = 27 \times 5 \times 4 \times 3, \quad (*).$$

ce qu'il fallait démontrer.

**34. Théorème III.** — *On peut dans un produit de facteurs remplacer deux ou plusieurs d'entre eux par leur produit effectué.*

Si les facteurs en question sont les premiers du produit, le théorème est évident ; il est encore vrai dans le cas contraire, car d'après le théorème I on peut les amener à occuper les premières places.

Corollaire. — On déduit immédiatement du théorème III que *pour multiplier un produit par un nombre, il suffit de multiplier l'un quelconque de ses facteurs par ce nombre.*

**35. Théorème IV.** — *Le produit de deux ou plusieurs puissances d'un même nombre est une puissance de ce nombre ayant pour exposant la somme des exposants des facteurs.*

Soit à multiplier $7^2$ par $7^3$, on a :

$$7^2 = 7 \times 7 \quad \text{et} \quad 7^3 = 7 \times 7 \times 7,$$

donc :

$$7^2 \times 7^3 = (7 \times 7) \times (7 \times 7 \times 7).$$

La première parenthèse peut être évidemment supprimée : la seconde peut l'être également en vertu du théorème II, donc

$$7^2 \times 7^3 = 7 \times 7 \times 7 \times 7 \times 7 = 7^5,$$

ce qu'il fallait démontrer.

On établirait de même que $7^2 \times 7^3 \times 7^6 = 7^{11}$.

---

(*) $27 \times (5 \times 4 \times 3)$ signifie 27 multiplié par le *produit effectué* $5 \times 4 \times 3$, c'est-à-dire $27 \times 60$.

Corollaire. — *On élève une puissance d'un nombre à une autre puissance en multipliant entre eux les exposants.*

En effet, soit $12^2$ à élever à la 3° puissance, ce qui s'indique $(12^2)^3$, on a ;

$$(12^2)^3 = 12^2 \times 12^2 \times 12^2 = 12^{2+2+2} = 12^{2\times3} \text{ ou } 12^6,$$

ce qu'il fallait démontrer.

**36. Théorème V.** — *On élève un produit à une puissance en élevant à cette puissance chacun de ses facteurs.*

Soit à élever le produit $2 \times 3 \times 5$ à la seconde puissance, on a successivement en s'appuyant sur les théorèmes qui précèdent :

$$(2\times3\times5)^2 = (2\times3\times5)\times(2\times3\times5) = 2\times3\times5\times2\times3\times5$$

ou encore :

$$(2\times3\times5)^2 = 2\times2\times3\times3\times5\times5 = 2^2\times3^2\times5^2,$$

ce qu'il fallait démontrer.

Remarque. — On voit aisément que l'on aurait de même :

$$(2^3 \times 3^2 \times 5)^3 = 2^9 \times 3^6 \times 5^3.$$

**37. Théorème VI.** — *Pour multiplier une somme par un nombre, il suffit de multiplier chacune des parties de la somme par le nombre et d'ajouter les résultats.*

Soit à multiplier $12 + 7 + 5$ par 3; il faut par définition répéter 3 fois le multiplicande, le produit contiendra donc trois fois 12, 3 fois 7 et 3 fois 5, donc,

$$(12 + 7 + 5) \times 3 = 12 \times 3 + 7 \times 3 + 5 \times 3,$$

ce qu'il fallait démontrer.

Corollaire I. — On sait (32) que $3 \times (12 + 7 + 5) = (12 + 7 + 5) \times 3$. Or $(12 + 7 + 5) \times 3 = 12 \times 3 + 7 \times 3 + 5 \times 3$, ou encore $= 3 \times 12 + 3 \times 7 + 3 \times 5$. *Donc pour multiplier un nombre par une somme, il suffit de multiplier le nombre par les parties de la somme et d'ajouter les produits partiels.*

Corollaire II. — Une expression de la forme $12 \times 3 + 7 \times 3 + 5 \times 3$ peut donc s'écrire $(12 + 7 + 5) \times 3$. Cette transformation se nomme *mettre 3 en facteur commun.*

**38. Théorème VII.** — *Pour multiplier deux sommes*

*l'une par l'autre, il suffit de multiplier les parties de l'une successivement par celles de l'autre, et d'ajouter les résultats obtenus.*

Soit à multiplier $12 + 7$ par $9 + 5$. Il suffit d'après le corollaire I du théorème qui précède de multiplier $12 + 7$ par 9 puis par 5 et d'ajouter les produits. Mais $(12 + 7) \times 9 = 12 \times 9 + 7 \times 9$ et $(12 + 7) \times 5 = 12 \times 5 + 7 \times 5$, donc :

$$(12 + 7) \times (9 + 5) = 12 \times 9 + 7 \times 9 + 12 \times 5 + 7 \times 5,$$

ce qu'il fallait démontrer (*).

**39. Théorème VIII.** — *Pour multiplier la différence de deux nombres par un troisième, il suffit de multiplier ces deux nombres par le troisième et de retrancher le plus petit produit du plus grand.*

Soit $12 - 7$ à multiplier par 3 ; on a $12 - 7 = 5$, donc $12 = 7 + 5$ et par suite

$$12 \times 3 = 7 \times 3 + 5 \times 3,$$

donc

$$12 \times 3 - 7 \times 3 = 5 \times 3,$$

et enfin

$$12 \times 3 - 7 \times 3 = (12 - 7) \times 3,$$

ce qu'il fallait démontrer.

CorollaIRE I. — Soit $3 \times (12 - 7)$. On a $3 \times (12 - 7) = (12 - 7) \times 3$, donc

$$3 \times (12 - 7) = 3 \times 12 - 3 \times 7.$$

Il suffit donc *pour multiplier un nombre par la différence de deux autres, de le multiplier par ces deux derniers et de retrancher le plus petit produit du plus grand*

CorollaIRE II. — On déduit de ce qui précède :

$$(12 - 7) \times (8 - 3) = (12 - 7) \times 8 - (12 - 7) \times 3$$
$$= 12 \times 8 - 7 \times 8 - (12 \times 3 - 7 \times 3)$$

et d'après le théorème relatif à la soustraction (18)

$$(12 - 7) \times (8 - 3) = 12 \times 8 - 7 \times 8 - 12 \times 3 + 7 \times 3.$$

---

(*) Les théorèmes VI et VII ont été implicitement démontrés dans l'exposé de la théorie de la multiplication. On a cru devoir les mettre ici en évidence en les rapprochant du théorème VIII et de ses corollaires.

## DIVISION.

**40. Définition.** — *La division est une opération qui a pour but de trouver combien de fois un nombre nommé diviseur est contenu dans un autre nombre nommé dividende.* Le résultat de l'opération se nomme *quotient*.

On indique la division au moyen du signe : ou d'un trait horizontal : Ainsi 20 : 5, ou $\dfrac{20}{5}$ signifie 20 divisé par 5.

**41.** Il peut arriver que le diviseur soit contenu un nombre exact de fois dans le dividende. Dans ce cas, on dit que la division se fait exactement et le dividende se trouve précisément égal au produit du diviseur par le quotient ou, ce qui revient au même au produit du quotient par le diviseur. On peut alors donner de la division l'une des définitions suivantes :

*La division est une opération qui a pour but étant donné le produit de deux facteurs et l'un de ces facteurs, de trouver l'autre.*

*La division est une opération qui a pour but, de partager un nombre donné nommé dividende en autant de parties égales qu'il y a d'unités dans un autre nombre donné nommé diviseur.*

Lorsque le diviseur n'est pas contenu un nombre exact de fois dans le dividende, ce dernier surpasse le produit du diviseur par le quotient d'une certaine quantité moindre que le diviseur et que l'on nomme *reste*.

Il résulte de la définition de l'opération que pour trouver le quotient de la division de deux nombres on pourrait retrancher le diviseur du dividende, puis encore du reste obtenu, puis encore du nouveau reste obtenu et ainsi de suite jusqu'à ce qu'on soit arrivé à un reste nul ou moindre que le diviseur : le quotient serait égal au nombre de soustractions qu'on aurait pu faire. Ce procédé serait la plupart du temps impraticable à cause de sa longueur. Aussi emploie-t-on d'autres moyens que nous allons exposer.

Nous examinerons successivement différents cas.

**42. Division par un nombre d'un seul chiffre, le quotient ne devant renfermer lui-même qu'un seul chiffre.** — Soit à diviser 53 par 8. Si l'on écrit un zéro à la droite du diviseur, on obtient le nombre 80 qui est plus grand que 53 ; le diviseur est donc contenu moins de 10 fois dans le dividende, par suite le quotient n'a qu'un chiffre. Pour le déterminer on se sert de la table de Pythagore : ou suit la colonne verticale qui commence par le chiffre 8 jusqu'à ce qu'on y rencontre le dividende, ou s'il ne s'y trouve pas, le nombre qui s'en rapproche le plus par défaut : c'est ici 48. On suit alors la ligne horizontale qui contient ce nombre jusqu'à son origine 6 qui est le quotient demandé, comme il est facile de s'en assurer en se reportant à la construction de la table (21). Ainsi 53 contient 8, 6 fois et il reste 53 — 48 ou 5.

**43. Division par un nombre de plusieurs chiffres, lorsque le quotient ne doit renfermer qu'un chiffre.** — Soit 6347 à diviser par 824. On reconnaît que le quotient n'a qu'un seul chiffre en constatant que le nombre 8240 formé en écrivant un zéro à la droite du diviseur est plus grand que le dividende. Pour trouver le quotient on pourrait multiplier 824 par les nombres 1, 2, 3.... 9, et voir lequel de ces produits s'approche le plus par défaut de 6347. On évite ces opérations moyennant la remarque suivante :

Si l'on remplace le diviseur 824 par 800, le nouveau quotient ne pourra être que supérieur ou égal au quotient cherché : or, pour diviser un nombre par des centaines, il suffit de diviser par le diviseur les centaines de ce nombre, car les dizaines et les unités ne sauraient contenir des centaines. Le quotient de 6347 par 800 est donc celui de 63 par 8, c'est-à-dire 7. Ce chiffre est par suite le quotient demandé ou un chiffre trop fort. Pour l'essayer on fait le produit de 824 par 7 et si ce produit (ce qui arrive ici) ne dépasse pas le dividende, 7 est bien le quotient demandé. Si le cas contraire s'était présenté, on aurait recommencé en prenant cette fois le chiffre 6.

Tout se réduit donc dans le cas actuel à diviser par le chiffre des plus hautes unités du diviseur, la partie du dividende qui exprime des unités de la même espèce et à essayer le chiffre ainsi obtenu.

**44. Cas général de la division.** — Soit à diviser 684217 par 926.

D'après ce que nous avons dit (41), le dividende est le produit du diviseur par le quotient ou il est égal à ce produit augmenté d'une certaine quantité nommée reste, moindre que le diviseur.

Or ici le quotient renferme 3 chiffres, car le dividende est compris entre le produit du diviseur par 100 et son produit par 1000. Le dividende renferme donc les produits du diviseur par les différents chiffres du quotient. Le produit par le chiffre des centaines ne contient pas d'unités inférieures aux centaines : il est par suite renfermé dans les 6842 centaines du dividende. Si l'on divise ce nombre 6842 par 926, le quotient 7 représentera exactement les centaines du quotient. En effet le chiffre 7 ne saurait d'abord être trop faible puisque 6842 est égal ou supérieur au produit du diviseur par le chiffre des centaines du quotient, et d'autre part il n'est pas trop fort, car le produit de 926 par 7 pouvant se retrancher de 6842, le produit de 926 par 700 pourra se retrancher de 684200 et *a fortiori* du dividende 684217.

Ayant retranché de 684217 le produit de 926 par 7 centaines, il reste 36017 qui renferme les produits du diviseur par les dizaines et unités du quotient. Le produit par les dizaines est contenu dans les 3601 dizaines du nombre et en divisant 3601 par 926, le quotient 3 sera exactement le chiffre des dizaines du quotient, ce qui se démontrerait comme on l'a fait pour le chiffre 7 des centaines. Multipliant 926 par 3 dizaines et retranchant le produit de 36017, il reste 8237. Ce nombre divisé par 926 donne 8 pour le chiffre des unités du quotient. $926 \times 8$ étant retranché de 8237, on a pour reste 829. Ainsi 684217 contient 738 fois le diviseur 926 et il reste 829.

**45. Règle.** — De ce qui précède il résulte la règle suivante :

*Pour diviser deux nombres l'un par l'autre, on écrit le diviseur à la droite du dividende en les séparant par un trait vertical. On prend ensuite sur la gauche du dividende assez de chiffres pour former un nombre capable de contenir le diviseur au moins une fois et moins de 10 fois : on a ainsi un premier dividende partiel. On le divise par le diviseur, ce qui donne le premier chiffre du quotient. On multiplie le diviseur par ce chiffre et l'on retranche le produit du premier dividende partiel : à la droite du reste on abaisse le chiffre du dividende total placé immédiatement à droite du premier dividende partiel. On a ainsi le second dividende partiel sur lequel on opère comme sur le premier et ainsi de suite, jusqu'à ce qu'on ait épuisé tous les chiffres du dividende. Lorsqu'un des dividendes partiels est inférieur au diviseur, on écrit un zéro au quotient, on abaisse le chiffre qui suit le dernier de ceux qu'on a déjà abaissés et l'on continue l'opération.*

On dispose l'opération comme il suit :

$$
\begin{array}{r|l}
684217 & 926 \\
3601 & \overline{738} \\
8237 & \\
829 &
\end{array}
$$

On se dispense d'écrire les produits du diviseur par les chiffres du quotient en faisant la soustraction au fur et à mesure que l'on obtient ces produits. Ainsi dans l'exemple ci-dessus, on dit, après avoir obtenu le chiffre 7 : 7 fois 6 font 42, de 42 reste 0 ; 7 fois 2 font 14 et 4 de retenue font 18, 18 de 24 reste 6 ; 7 fois 9 font 63 et 2 de retenue font 65, 65 de 68 reste 3. On fait de même pour les chiffres 3 et 8 du quotient. Il est aisé de voir que ce mode d'opérer la soustraction est basé sur ce principe, que la différence de deux nombres ne change pas lorsqu'on ajoute à chacun d'eux le même nombre.

REMARQUE I. — Dans le cours d'une division, on reconnaît qu'un chiffre placé au quotient est trop fort lorsque le produit du diviseur par ce chiffre ne peut se retrancher du dividende partiel correspondant. — On reconnaît qu'un chiffre est trop faible lorsque, ayant retranché du dividende partiel correspondant le produit du diviseur par ce chiffre, le reste est égal ou supérieur au diviseur.

REMARQUE II. — Lorsque le diviseur ne contient qu'un seul chiffre, on n'écrit pas ordinairement les dividendes successifs. Ainsi, soit à diviser 38914 par 9 ; on dira : le neuvième de 38 est 4 pour 36 et il reste 2 ; le neuvième de 29 est 3 pour 27 et il reste 2 ; le neuvième de 21 est 2 pour 18 et il reste 3 ; enfin le neuvième de 34 est 3 et il reste 7.

$$
\begin{array}{r|l}
38914 & 9 \\
7 & \overline{4323}
\end{array}
$$

**46. Cas particulier.** — *Le diviseur est terminé par des zéros.*

Soit le nombre 785217 à diviser par 36000. Il s'agit de

chercher combien de fois le dividende contient 36 mille. Or des mille ne sauraient être contenus dans des unités d'ordres inférieurs ; cherchons donc le quotient de 785 mille par 36 mille ; pour cela divisons 785 par 36 (*). — Le quotient est 21 et le reste 29. Donc 785000 contiennent 36000, 21 fois avec un reste 29000 ; donc enfin 785217 contiennent 36000, 21 fois avec un reste égal à 29217.

On supprimera donc dans ce cas les zéros qui terminent le diviseur et un même nombre de chiffres à droite du dividende. On divisera les deux nombres ainsi obtenus : leur quotient sera celui de la division des nombres proposés et le reste de cette division sera celui de la division opérée, suivi des chiffres qu'on a supprimés dans le dividende.

**47. Preuve de la division.** — La preuve de la division se fait en multipliant le diviseur par le quotient. Le produit augmenté du reste doit donner pour résultat le dividende.

THÉORÈMES RELATIFS A LA DIVISION.

**48. Théorème I.** — *Lorsqu'on multiplie le dividende et le diviseur par un même nombre, le quotient ne change pas et le reste est multiplié par ce même nombre.*

Soit à diviser 46 par 7 ; le quotient est 6 et le reste 4, donc :

$$46 = 7 \times 6 + 4. \qquad (1)$$

Multipliant ces deux quantités égales par 9, les produits seront égaux. Or pour multiplier une somme par un nombre, on multiplie par ce nombre les deux parties de la somme (37) et d'autre part pour multiplier un produit par un nombre, il suffit de multiplier l'un des facteurs par ce nombre (34. Corollaire) : on aura donc en indiquant au moyen de parenthèses les produits que l'on suppose effectués :

$$(46 \times 9) = (7 \times 9) \times 6 + (4 \times 9). \qquad (2)$$

Il résulte de cette égalité qu'en divisant $(46 \times 9)$ par $(7 \times 9)$ on aura pour quotient 6 et pour reste $(4 \times 9)$ car 4 étant moindre que le premier diviseur 7, $4 \times 9$ est moindre que

(*) Ce raisonnement a déjà été employé (43).

$7 \times 9$, c'est-à-dire que le nouveau diviseur. Le théorème est donc démontré.

REMARQUE. — En passant de l'égalité (2) à l'égalité (1), on voit que si l'on divise le dividende et le diviseur par un même nombre, le quotient ne change pas et le reste est divisé par le même nombre.

**49. Théorème II.** — *Pour diviser un produit par l'un de ses facteurs, il suffit de supprimer ce facteur.*

Soit à diviser le produit $5 \times 7 \times 11$ par 7 ; ce produit peut s'écrire $(5 \times 11) \times 7$ (34), donc le quotient de sa division par 7 est égal à $5 \times 11$.

COROLLAIRE. — *Pour diviser un produit de facteurs par un nombre, il suffit de diviser l'un des facteurs par ce nombre, pourvu que la division puisse se faire exactement.*

Soit à diviser le produit $13 \times 28 \times 17$ par 7 ; comme 28 est divisible exactement par 7 et donne pour quotient 4, on a $28 = 7 \times 4$, donc le produit $13 \times 28 \times 17 = 13 \times 7 \times 4 \times 17$ et par suite le quotient de sa division par 7 est égal à

$$13 \times 4 \times 17.$$

**50. Théorème III.** — *Pour diviser un nombre par un produit de facteurs, il suffit de le diviser par le premier facteur, puis le quotient obtenu par le second facteur, et ainsi de suite jusqu'à ce qu'on ait employé tous les facteurs.*

1° Supposons d'abord que toutes les divisions se fassent exactement.

Soit 360 à diviser par le produit 30 des facteurs 2, 3 et 5.

Divisant 360 par 2, on a pour quotient 180, donc $360 = 2 \times 180$.

Divisant 180 par 3, le quotient est 60, donc $180 = 3 \times 60$.

Enfin divisant 60 par 5, le quotient est 12, donc $60 = 5 \times 12$.

Remplaçant dans la seconde égalité 60 par sa valeur, et dans la première 180 par sa valeur, il vient

$$360 = 2 \times 3 \times 5 \times 12 \quad \text{ou} \quad 360 = 30 \times 12.$$

Il résulte de cette dernière égalité qu'en divisant 360 par 30 on aura pour quotient 12, c'est-à-dire le même quotient que celui obtenu par les divisions successives.

2° Supposons maintenant que les divisions donnent des

restes et soit un nombre N quelconque à diviser par le produit $a \times b \times c$.

Divisons N par $a$, soit $q$ le quotient et $r$ le reste ; puis $q$ par $b$, soit $q'$ le quotient et $r'$ le reste ; enfin $q'$ par $c$, soit $q''$ le quotient et $r''$ le reste. Nous aurons :

$$N = aq + r,$$
$$q = bq' + r',$$
$$q' = cq'' + r''\ ^{(*)}.$$

Remplaçant dans la deuxième égalité $q'$ par sa valeur et dans la première $q$ par la valeur trouvée ainsi, il vient :

$$N = abcq'' + abr'' + ar' + r.$$

Si donc on démontre que $abr'' + ar' + r$ est dans tous les cas moindre que $abc$, on déduira de l'égalité prédédente que le quotient de N par $abc$ est $q''$, c'est-à-dire le même que celui obtenu par les divisions successives.

Or $r''$, $r'$, $r$ ont respectivement pour plus grandes valeurs : $c - 1$, $b - 1$, $a - 1$ ; par suite la plus grande valeur que puisse avoir $abr'' + ar' + r$ est :

$$ab(c - 1) + a(b - 1) + a - 1,$$

ou

$$abc - 1.$$

Le théorème est donc démontré.

**51. Théorème IV.** — *Le quotient de deux puissances d'un même nombre est égal à ce nombre affecté d'un exposant égal à la différence des exposants du dividende et du diviseur.*

Soit $12^5$ à diviser par $12^3$. Le diviseur est le produit de 3 facteurs égaux à 12, donc on peut diviser $12^5$ successivement par chacun de ces 3 facteurs (50). Mais $12^3$ est lui-même le produit de 5 facteurs égaux à 12, donc chaque division fera disparaître un de ces facteurs dans le dividende (49). Par suite le quotient sera égal au produit de $5 - 3$ facteurs égaux à 12, c'est-à-dire égal à $12^{5-3}$ ou $12^2$. Ce qu'il fallait démontrer.

---

(*) Le signe de la multiplication peut se supprimer sans inconvénient lorsque les facteurs d'un produit sont représentés par des lettres. Ainsi $aq$ veut dire $a \times q$, $abc$ veut dire $a \times b \times c$.

# CHAPITRE II.

## DIVISIBILITÉ.

**52. Définitions.** — Lorsqu'une division se fait exactement
on dit que le dividende est divisible par le diviseur ou que
celui-ci divise le dividende. On nomme en général *diviseur*,
*facteur* ou *sous-multiple* d'un nombre un autre nombre qui
divise le premier. Ainsi 5 est diviseur de 20.

On nomme *multiple* d'un nombre le produit de ce nombre
par un nombre entier quelconque. — Tout multiple d'un
nombre est donc divisible par ce nombre et tout nombre divisible par un autre nombre est un multiple de cet autre
nombre.

**53. Théorème I.** — *Tout diviseur de plusieurs nombres est
diviseur de leur somme.*

En effet, les parties de la somme renferment chacune un
nombre exact de fois le diviseur, la somme elle-même le renferme donc un nombre exact de fois.

La réciproque est fausse, c'est-à-dire qu'un nombre diviseur
d'une somme n'en divise pas nécessairement les parties.

Corollaire.—*Tout diviseur d'un nombre divise les multiples
de ce nombre.* En effet, un multiple d'un nombre n'est autre
que la somme de plusieurs nombres égaux à ce nombre.

**54. Théorème II.** — *Tout diviseur de deux nombres est
diviseur de leur différence.*

En effet, les deux nombres renferment chacun un nombre

exact de fois le diviseur, la différence le contient donc elle-même un nombre exact de fois.

La réciproque est fausse, c'est-à-dire qu'un nombre qui divise la différence de deux autres nombres ne divise pas nécessairement ceux-ci.

COROLLAIRE. — *Tout nombre qui divise une somme de deux parties et l'une de ces parties, divise l'autre :* celle-ci n'est autre en effet que la différence entre la somme et la première partie.

**55. Théorème III.** — *Lorsqu'un nombre est la somme de deux parties dont l'une admet un certain diviseur, le reste de la division de l'autre partie par ce diviseur est le même que le reste de la division du nombre tout entier par ce même diviseur.*

Soit le nombre $3587 = 3570 + 17$. La première partie 3570 est divisible par 5, c'est-à-dire se compose d'un nombre exact de fois 5. D'un autre côté, la seconde partie 17 divisée par 5 donne pour reste 2, c'est-à-dire vaut un certain nombre de fois 5 plus 2. Donc le nombre 3587 vaut un certain nombre de fois 5 plus le même reste 2, ce qu'il fallait démontrer.

REMARQUE. — On peut encore énoncer le théorème de la façon suivante : *le reste d'une division ne change pas lorsqu'on retranche du dividende un multiple du diviseur.*

**56. Divisibilité par 2 ou par 5.** — *Le reste de la division d'un nombre par 2 ou par 5 est le même que le reste de la division du chiffre de ses unités par 2 ou par 5.*

En effet, tout nombre plus grand que 10 peut être regardé comme étant la somme de deux parties, l'une comprenant les unités des différents ordres jusqu'aux dizaines et l'autre formée par le chiffre des unités. La première partie ne renfermant pas d'unités inférieures aux dizaines est un multiple de 10 : elle est donc divisible par 2 et par 5 qui sont diviseurs de 10. Le reste de la division de tout le nombre par 2 ou 5 sera donc le même que le reste de la division par 2 ou 5 de la seconde partie c'est-à-dire du chiffre de ses unités (55).

Il résulte de là qu'*un nombre est divisible par 2 ou par 5 lorsque le chiffre de ses unités est lui-même divisible par 2 ou par 5 ou encore est un zéro.*

Les nombres divisibles par 2 se nomment *nombres pairs* et les autres *nombres impairs.*

**57. Divisibilité par 4 ou par 25.** — *Le reste de la division d'un nombre par 4 ou par 25 est le même que le reste de la division par 4 ou par 25 du nombre formé par ses deux derniers chiffres à droite.*

En effet tout nombre supérieur à 100 peut être regardé comme étant la somme de deux parties, l'une comprenant les unités des différents ordres jusqu'aux centaines, l'autre formée par les dizaines et les unités. La première partie étant un multiple de 100 est divisible par 4 et par 25 qui sont diviseurs de 100 : donc le reste de la division du nombre tout entier par 4 ou par 25 sera le même que le reste de la division par 4 ou par 25 de la seconde partie, c'est-à-dire du nombre formé par les dizaines et les unités (55).

Il résulte de là qu'*un nombre est divisible par 4 ou par 25 lorsque le nombre formé par ses deux derniers chiffres à droite est lui-même divisible par 4 ou par 25 ou encore lorsque ces deux derniers chiffres sont des zéros.*

Remarque. — Un nombre est divisible par $2^n$ ou par $5^n$, $n$ étant un nombre quelconque, lorsque le nombre formé par ses $n$ derniers chiffres à droite est lui-même divisible par $2^n$ ou par $5^n$, ou encore lorsque ces $n$ derniers chiffres sont des zéros.

**58. Divisibilité par 9 ou par 3.** — Toute puissance de 10, c'est-à-dire tout nombre formé par l'unité suivie de zéros est un multiple de 9 augmenté d'une unité, car si d'un tel nombre on retranche un, le résultat est composé exclusivement de chiffres 9. Par suite un chiffre quelconque suivi de zéros est un multiple de 9 augmenté de ce chiffre. Ainsi 700 = mult. de 9 + 7 : en effet 700 = 100 × 7, or 100 = mult. de 9 + 1, donc

$$700 = (\text{mult. de } 9 + 1) \times 7$$

ou

$$700 = \text{mult. de } 9 + 7.$$

Ceci posé, considérons un nombre quelconque 64524, ce nombre est égal à 60000 + 4000 + 500 + 20 + 4. Or

$$60000 = \text{mult. de } 9 + 6$$
$$4000 = \text{mult. de } 9 + 4$$
$$500 = \text{mult. de } 9 + 5$$
$$20 = \text{mult. de } 9 + 2$$
$$4 = \ldots \ldots \ldots 4$$

Donc

$$64524 = \text{mult. de } 9 + (6 + 4 + 5 + 2 + 4).$$

Un nombre quelconque peut donc être considéré comme la somme de deux parties dont la première est un multiple de 9 et la seconde est la somme des chiffres du nombre. — *Le reste de la division d'un nombre par* 9 *sera donc le même que le reste de la division par* 9 *de la somme de ses chiffres.*

Il résulte de là qu'*un nombre est divisible par* 9 *lorsque la somme de ses chiffres est divisible par* 9.

Le nombre 3 étant diviseur de 9, on voit par ce qui précède que tout nombre peut être considéré comme étant égal à un multiple de 3 plus la somme de ses chiffres. Donc *le reste de la division d'un nombre par* 3 *est le même que le reste de la division par* 3 *de la somme de ses chiffres, de sorte que si cette somme est divisible par* 3 *le nombre sera lui-même divisible par* 3.

**59. Divisibilité par 11.** — Toute puissance impaire de dix est un multiple de 11 diminué d'une unité. En effet,

$$10 = \text{mult. de } 11 - 1,$$

multipliant par 100 les deux membres de l'égalité, il vient :

$$1000 = \text{mult. de } 11 - 100,$$

ou

$$1000 = \text{mult. de } 11 - 1,$$

car $100 = 9 \times 11 + 1$, c'est-à-dire est un multiple de 11 plus 1.

On aurait de même en multipliant encore par 100 :

$$100000 = \text{mult. de } 11 - 1,$$

et ainsi de suite.

D'autre part, toute puissance paire de 10 est un multiple de 11 augmenté d'une unité. En effet :

$$100 = \text{mult. de } 11 + 1.$$

Donc

$$10000 = \text{mult. de } 11 + 100 = \text{mult. de } 11 + 1$$
$$1000000 = \text{mult. de } 11 + 1,$$

et ainsi de suite.

Il résulte de ce qui précède qu'un nombre formé d'un chiffre quelconque suivi d'un nombre impair de zéros est un multiple de 11 moins ce chiffre, et qu'un chiffre suivi d'un nombre pair de zéros est un mult. de 11 plus ce chiffre.

En effet par exemple

$$7000 = 1000 \times 7 = (\text{mult. de } 11 - 1) \times 7 = \text{mult. de } 11 - 7.$$

et

$$700 = 100 \times 7 = (\text{mult. de } 11 + 1) \times 7 = \text{mult. de } 11 + 7.$$

Ceci posé, considérons un nombre quelconque 642857. On a :

$$642857 = 600000 + 40000 + 2000 + 800 + 50 + 7.$$

Or :

$$600000 = \text{mult. de } 11 - 6$$
$$40000 = \text{mult. de } 11 + 4$$
$$2000 = \text{mult. de } 11 - 2$$
$$800 = \text{mult. de } 11 + 8$$
$$50 = \text{mult. de } 11 - 5$$
$$7 = \ldots\ldots \ldots\ldots \ldots 7.$$

Donc :

$$642857 = \text{mult. de } 11 - 6 + 4 - 2 + 8 - 5 + 7,$$

ce qui peut s'écrire :

$$642857 = \text{mult. de } 11 + [(7 + 8 + 4) - (5 + 2 + 6)].$$

Tout nombre peut donc être considéré comme la somme de deux parties dont la première est un multiple de 11, et la seconde est égale à l'excès de la somme des chiffres de rang impair du nombre sur la somme des chiffres de rang pair, ces chiffres étant comptés à partir de la droite. *Le reste de la division d'un nombre par 11 est donc le même que le reste de la division par 11 de l'excès de la somme de ses chiffres de rang impair à partir de la droite sur la somme de ses chiffres de rang pair.*

Il résulte de là qu'*un nombre est divisible par 11 lorsque l'excès de la somme de ses chiffres de rang impair à partir de la droite sur la somme de ses chiffres de rang pair est zéro ou divisible par 11.*

REMARQUE. — Il peut arriver que la somme à retrancher l'emporte sur celle dont on doit la retrancher ; il faut alors ajouter à cette dernière le plus petit multiple de 11 nécessaire

pour rendre la soustraction possible. — On fait ensuite l'opération, et le reste que l'on obtient est égal à celui du nombre
tout entier divisé par 11. Ainsi le reste de la division par 11 du
nombre 658374 est égal à 2.

En effet :

$$658374 = \text{mult. de } 11 + 12 - 21$$
$$= \text{mult. de } 11 + (11 + 12 - 21)$$
$$= \text{mult. de } 11 + 2.$$

PREUVES PAR 9.

**60. Addition.** — Soient A, B, C des nombres quelconques
et supposons que l'on ait :

$$A = \text{mult. de } 9 + r$$
$$B = \text{mult. de } 9 + r'$$
$$C = \text{mult. de } 9 + r''$$

Il viendra en faisant l'addition :

$$A + B + C = \text{mult. de } 9 + (r + r' + r'').$$

Donc le reste de la division par 9 de la somme de plusieurs
nombres est égal au reste de la division par 9 de la somme des
restes que l'on obtient en divisant chacun de ces nombres
par 9.

De là résulte que, *pour faire la preuve par 9 d'une addition,
on cherche le reste de la division par 9 de chacun des nombres
que l'on a additionnés; on ajoute les restes obtenus et l'on
cherche le reste de la division par 9 de la somme ainsi trouvée. Ce dernier reste doit être égal à celui de la division par 9
du résultat à vérifier, si ce résultat a été obtenu exactement.*

**61. Soustraction.** — On a vu (17) que, dans une soustraction qui s'est faite exactement, le plus grand nombre est la
somme du plus petit et du reste. Il suffira donc pour faire la
preuve par 9 de la soustraction, d'appliquer à ces trois nombres
le procédé qui vient d'être indiqué pour faire la preuve de l'addition.

**62. Multiplication.** — Soient A et B deux nombres; supposons que l'on ait :

$$A = \text{mult. de } 9 + r$$
$$B = \text{mult. de } 9 + r'$$

Multipliant membre à membre il viendra

$$A \times B = \text{mult. de } 9 + (r \times r').$$

Donc le reste de la division par 9 du produit de deux nombres est égal au reste de la division par 9 du produit des restes que l'on obtient en divisant chacun de ces nombres par 9.

De là résulte que *pour faire la preuve par 9 d'une multiplication, on cherche le reste de la division par 9 du multiplicande et aussi du multiplicateur. On multiplie ensuite l'un par l'autre les deux restes obtenus et l'on cherche le reste de la division du résultat par 9. Enfin l'on cherche le reste de la division par 9 du produit que l'on veut vérifier et si ce produit est exact, on doit trouver le même nombre que le précédent reste.*

**63. Division.** — Dans toute division, le dividende est égal au produit du diviseur par le quotient, ce produit étant augmenté du reste. On pourra donc faire la preuve par 9 de la division comme celle de la multiplication en regardant le dividende diminué au préalable du reste comme un produit de deux facteurs qui sont le diviseur et le quotient.

**64.** Tout ce qui précède est applicable aux preuves des quatre opérations par tout autre diviseur que 9. Ainsi on peut faire la preuve par 11 par les mêmes procédés. Les diviseurs 9 et 11 sont choisis de préférence à tous autres, parce qu'on a le moyen de trouver simplement le reste de la division d'un nombre par 9 et par 11 et de plus parce que, pour obtenir ce reste, on est obligé de mettre en ligne de compte tous les chiffres du nombre.

Il est essentiel de remarquer que si la preuve par 9 d'une opération a réussi, on ne saurait en conclure absolument que l'opération est exacte, car si elle est entachée d'une erreur égale à un multiple de 9, la preuve ne saurait indiquer cette erreur. — Une observation analogue est applicable à la preuve par 11.

## PLUS GRAND COMMUN DIVISEUR.

**65. Définition.** — On nomme *plus grand commun diviseur* de deux ou plusieurs nombres, le nombre le plus grand qui les divise tous exactement.

**66. Recherche du plus grand commun diviseur de deux nombres.** — Soit à chercher le plus grand commun diviseur de 144 et 40. Le nombre cherché ne peut être plus grand que 40, et si 40 divise exactement 144 il sera le plus grand commun diviseur. On est donc conduit à diviser 144 par 40. On trouve ainsi pour quotient 3 et pour reste 24, donc 40 n'est pas le plus grand commun diviseur cherché.

On va démontrer que ce plus grand commun diviseur est le même que le plus grand commun diviseur de 40 et 24, c'est-à-dire que le plus grand commun diviseur de deux nombres est le même que le plus grand commun diviseur entre le plus petit et le reste de la division du plus grand par le plus petit.

De la division qui vient d'être faite, résulte l'égalité :

$$144 = 40 \times 3 + 24.$$

Or tout nombre qui divise 144 et 40 divise $40 \times 3$, donc il divise une somme et l'une de ses parties et par suite il doit diviser l'autre 24. Ainsi déjà, tout commun diviseur de 144 et 40 est commun diviseur de 40 et 24.

D'autre part, tout nombre qui divise 40 et 24, divise $40 \times 3$ ; donc il divise les deux parties d'une somme et par suite la somme elle-même 144. Ainsi tout commun diviseur de 40 et 24 est commun diviseur de 144 et 40.

Les deux groupes de nombres 144 et 40, 40 et 24, ont donc leurs diviseurs communs identiques, et par suite le plus grand commun diviseur de 144 et 40 est le même que celui de 40 et 24. On est ainsi conduit à chercher le plus grand commun diviseur de 40 et 24, ce qui amène à diviser 40 par 24 : le quotient est 1 et le reste 16. Le nombre 24 n'est donc pas le plus grand commun diviseur cherché et l'on démontrerait comme précédemment que le plus grand commun diviseur de 40 et de 24 est le même que celui de 24 et 16. On est ainsi amené à diviser 24 par 16 et de même aussi 16 par le reste 8 que l'on a obtenu. La division de 16 par 8 se faisant exactement, 8 est le plus grand commun diviseur entre 16 et 8, par suite entre 24 et 16, entre 40 et 24, et finalement entre 144 et 40.

**67. Règle.** — De ce qui précède, résulte la règle suivante :

*Pour trouver le plus grand commun diviseur de deux nombres, on divise le plus grand par le plus petit : si la division se fait exactement le plus petit nombre est le plus grand commun diviseur cherché. Dans le cas contraire, on divise le plus petit nombre par le reste : si la division se fait exactement, ce reste est le plus grand commun diviseur. Sinon, on divise le premier reste par le second et ainsi de suite jusqu'à ce qu'on arrive à un quotient exact. Le dernier diviseur est le plus grand commun diviseur cherché.*

On donne à l'opération la disposition suivante

$$\frac{144}{24} \left|\frac{\overset{3}{40}}{16}\right| \frac{\overset{1}{24}}{8} \left|\frac{\overset{1}{16}}{0}\right| \frac{\overset{2}{8}}{} .$$

REMARQUE I. — Lorsque l'un des restes obtenus dans le courant des opérations est plus grand que la moitié du diviseur correspondant, on peut diminuer le nombre de divisions à faire en prenant comme diviseur de l'opération suivante, non pas le reste lui-même, mais bien le nombre dont il diffère du diviseur qui lui a donné naissance.

Ainsi, dans l'exemple ci-dessus, on a trouvé 24 pour reste de la division de 144 par 40 : au lieu de prendre ce nombre 24 pour diviseur, prenons 40 — 24 ou 16, c'est-à-dire cherchons le plus grand commun diviseur entre 40 et 16. Ce plus grand commun diviseur est le même que celui des nombres proposés, car on a:

$$144 = 40 \times 4 - 16,$$

et il est aisé de voir d'après cette égalité que les diviseurs communs à 144 et 40 d'une part, à 40 et 16 de l'autre, sont identiques.

Or en divisant 40 par 16, nous amènerons le reste 8 de la troisième division faite en opérant suivant la méthode ordinaire. En effet, on a

$$40 = 24 - 16 \quad \text{et} \quad 24 = 16 + 8,$$

par suite

$$40 = 16 \times 2 + 8.$$

On fait donc en divisant 40 par 16 l'économie d'une division.

Voici le tableau du calcul ainsi conduit.

$$\frac{144}{24} \left|\frac{\overset{3}{40}}{8}\right| \frac{\overset{2}{16}}{0} \left|\frac{\overset{2}{8}}{}\right. .$$

REMARQUE II. — Lorsque l'on procède comme il vient d'être indiqué, chaque diviseur est moindre que la moitié du diviseur précédent. Si donc on désigne par A et B les nombres dont on cherche le plus grand commun diviseur, par $R_1$, $R_2$. . les diviseurs successifs et par $\dot{R}_n$ le dernier, on a :

$$B > 2R_1,$$
$$R_1 > 2R_2,$$
$$R_2 > 2R_3,$$
$$\cdot \quad \cdot \quad \cdot \quad \cdot \quad \cdot$$
$$\cdot \quad \cdot \quad \cdot \quad \cdot \quad \cdot$$
$$R_{n-1} > 2R_n,$$

multipliant membre à membre et supprimant ensuite les facteurs communs, il vient :

$$B > 2^n \times R_n.$$

Or $R_n$ est au moins égal à 1, donc en tous cas on a :

$$B > 2^n.$$

De là résulte que *le nombre des divisions à faire dans la recherche du plus grand commun diviseur de deux nombres est au plus égal à l'exposant de la plus haute puissance de 2 contenue dans le plus petit des deux nombres.*

**68. Théorème I.** — *Tout diviseur de deux nombres divise leur plus grand commun diviseur.*

Soient A et B deux nombres, R, R' R''... les restes successifs obtenus en cherchant leur plus grand commun diviseur. D'après ce qu'on a vu plus haut (66), tout diviseur de deux nombres divise le reste de leur division, donc tout nombre qui divise A et B divise R ; divisant B et R, il divise R' et ainsi de suite les autres restes. Mais le plus grand commun diviseur de A et B est le dernier de ces restes, donc le nombre le divise, ce qu'il fallait démontrer.

**69. Théorème II.** — *Lorsqu'on multiplie ou divise deux nombres par un troisième, le plus grand commun diviseur de ces deux nombres est multiplié ou divisé par ce troisième nombre.*

Soient encore A et B deux nombres, R, R' R''... les restes obtenus en cherchant leur plus grand commun diviseur. Si l'on multiplie A et B par un certain nombre $m$, le reste devient $R \times m$ (48). B et R étant multiplipliés par $m$, le reste R' de leur division devient $R' \times m$, et ainsi de suite pour les autres restes. Donc le plus grand commun diviseur qui est le dernier reste est lui-même multiplié par $m$.

Le même raisonnement fait voir que si l'on divise A et B par $m$, leur plus grand commun diviseur est aussi divisé par $m$.

**70. Définition.** — Deux ou plusieurs nombres sont dits *premiers entre eux* lorsqu'ils n'ont d'autre diviseur commun que l'unité, ou autrement dit, lorsque leur plus grand commun diviseur est l'unité.

**71. Théorème III.** — *Lorsqu'on divise deux nombres par leur plus grand commun diviseur les quotients sont premiers entre eux.*

En effet, soient A et B deux nombres, D leur plus grand commun diviseur. En vertu du théorème II (69), A divisé par D et B divisé par D auront pour plus grand commun diviseur D divisé par lui-même, c'est-à-dire l'unité ; ils seront donc premiers entr'eux, ce qu'il fallait démontrer.

**72. Théorème IV.** — *Réciproquement, lorsque les quotients de deux nombres par un troisième sont premiers entre eux, ce troisième nombre est le plus grand commun diviseur des deux premiers.*

En effet supposons que deux nombres A et B étant divisés l'un et l'autre par un troisième nombre D, les quotients soient premiers entre eux, c'est-à-dire aient l'unité pour plus grand commun diviseur. En vertu du théorème II (69), si l'on multiplie ces quotients l'un et l'autre par D, les produits auront D pour plus grand commun diviseur. Or ces produits ne sont autres que les nombres A et B, donc le théorème est démontré.

**73. Recherche du plus grand commun diviseur de plus de deux nombres.** — Soit à chercher le plus grand commun diviseur de trois nombres A, B, C. On l'obtiendra en cherchant d'abord le plus grand commun diviseur D de A et B, puis le plus grand commun diviseur de D et C lequel sera le nombre cherché.

En effet, tout diviseur de A, B et C divisant A et B, divise D : il est donc commun diviseur de D et C. D'autre part tout diviseur de D divise ses multiples A et B, donc tout commun diviseur de D et C est commun à A, B, C. Les deux groupes de nombres A, B, C et D, C ont donc les mêmes diviseurs communs; donc enfin le plus grand commun diviseur entre A, B et C est le même qu'entre D et C.

On obtient de même le plus grand commun diviseur d'autant de nombres qu'on veut A, B, C, E.... en cherchant le plus grand commun diviseur D de A et B, puis le plus grand commun diviseur D' de D et C, puis le plus grand commun diviseur D'' de D' et E, etc. Le dernier plus grand commun diviseur ainsi obtenu est le nombre demandé.

Remarque. — Les théorèmes I, II, III, IV sont applicables au cas de plusieurs nombres. Leurs démonstrations se déduisent facilement de la marche qui vient d'être indiquée pour trouver le plus grand commun diviseur d'autant de nombres que l'on veut.

## NOMBRES PREMIERS.

**74. Définition.** — On nomme *nombre premier* un nombre qui n'a pas d'autres diviseurs que lui-même et l'unité.

**75. Théorème I.** — *Tout nombre premier qui ne divise pas un autre nombre est premier avec lui.*

En effet, un nombre premier n'a d'autres diviseurs que lui-même et l'unité, si donc il ne divise pas un autre nombre, l'unité est le seul diviseur commun qui pourra exister entre lui et ce nombre.

**76. Théorème II.** — *Tout nombre qui n'est pas premier admet au moins un diviseur premier.*

Soit N un nombre non premier : il admet alors d'autres diviseurs que lui-même et l'unité. Soit *a* le plus petit de ses diviseurs autres que 1 ; *a* est premier, car s'il en était autrement il admettrait un diviseur plus petit que lui, lequel diviserait N. Ce dernier nombre aurait donc un diviseur plus petit que *a*, ce qui est contre l'hypothèse.

Corollaire. — *Des nombres non premiers entre eux admettent au moins un diviseur premier commun.* — En effet, des nombres non premiers entre eux admettent un plus grand commun diviseur autre que l'unité, et si ce plus grand commun diviseur n'est pas premier, en vertu du théorème qui précède, il admet un diviseur premier, lequel divise les nombres proposés puisqu'ils sont des multiples de leur plus grand commun diviseur.

**77. Théorème III.** — *La suite des nombres premiers est illimitée.*

Supposons que l'on ait formé la suite des nombres premiers jusqu'à un certain nombre N. Faisons le produit P de tous ces nombres et ajoutons à ce produit l'unité. Si P + 1 est premier, il existe alors un nombre premier plus grand que N. Si P + 1 n'est pas premier, il admet un diviseur premier ; mais ce diviseur n'est aucun des nombres de la suite que l'on a formée, car si l'un des nombres de cette suite autre que 1 divisait P + 1, comme il divise P dont il est le facteur, il devrait diviser 1. Il faut donc qu'il existe encore dans ce cas un nombre premier autre que ceux de la suite formée, c'est-à-dire plus grand que N. Ce dernier nombre N étant aussi grand que l'on veut, le théorème est démontré.

**78 Formation d'une table de nombres premiers.** — Pour former une table de nombres premiers, on écrit la suite naturelle des nombres jusqu'à celui que l'on s'est fixé pour limite ; puis à partir de 2 exclusivement on barre tous les nombres que l'on rencontre de deux en deux : on supprime ainsi les multiples de 2. A partir de 3 exclusivement, on barre tous les nombres de 3 en 3 : on supprime ainsi les multiples de 3. A partir de 5 exclusivement, on barre tous les nombres de 5 en 5, et ainsi de suite. Il faut remarquer qu'arrivé à un nombre quelconque, 7 par exemple, parmi les nombres que l'on doit barrer de 7 en 7, il s'en trouve quelques-uns déjà barrés comme multiples de nombres inférieurs à 7. Le premier multiple de 7 non barré est donc 7 × 7 ou 49. En général, on doit donc commencer à barrer à partir du carré du nombre auquel on est parvenu. Lorsque ce carré est plus grand que le nombre que l'on a pris pour limite, l'opération est terminée, et les nombres qui restent non barrés sont premiers.

Cette méthode se nomme le *crible d'Eratosthène.*

On peut démontrer comme il suit que les nombres qui restent non barrés sont premiers. Supposons pour fixer les idées que le nombre 100 soit la limite adoptée : lorsqu'on arrive à 11, comme le carré de ce nombre est supérieur à 100 l'opération est terminée. Si l'un des nombres N qui restent alors non barrés n'était pas premier, il admettrait un diviseur $a$, l'on aurait $N = a \times q$, et $q$ serait un second diviseur de N. Or comme N est inférieur à $11^2$, $a$ ou $q$ est nécessairement moindre que 11, donc N admettrait un diviseur moindre que 11. Ce diviseur s'il n'est pas premier admet lui-même un diviseur premier, donc dans tous les cas N aurait un diviseur premier moindre que 11, ce qui est impossible, car autrement N aurait été déjà barré comme multiple de ce diviseur premier.

**79. Moyen de reconnaître si un nombre est premier.** — Pour reconnaître si un nombre est premier, il suffit d'essayer la division de ce nombre successivement par les nombres premiers 2, 3, 5, 7.... Si aucune des divisions ne réussit et qu'on soit amené à essayer un diviseur amenant un quotient qui lui est égal ou inférieur, le nombre est premier.

Supposons qu'il s'agisse de reconnaître si le nombre 157 est premier. Les divisions par 2, 3, 5, 7, 11 étant essayées, on reconnaît qu'aucune ne réussit et que les quotients sont tous supérieurs aux diviseurs correspondants. La division par 13 ne réussit pas davantage mais le quotient est 12, nombre inférieur au diviseur 13. On peut en déduire que 157 est premier.

En effet ce nombre n'est d'abord divisible par aucun nombre premier ou non premier inférieur à 13 : la division a été essayée pour les nombres premiers moindres que 13; quant aux autres, si le nombre 157 devait être divisible par l'un d'eux, il le serait aussi par un diviseur premier de ce nombre, c'est-à-dire par l'un des nombres essayés. D'autre part si 157 admettait un diviseur supérieur à 13, le quotient de la division serait aussi un diviseur de 157. Mais ce quotient serait un nombre moindre que 13 puisque la division par 13 donne déjà un quotient moindre que 13. 157 admettrait donc un diviseur moindre que 13 ce qui a été reconnu impossible. En résumé donc 157 est premier.

THÉORÈMES RELATIFS AUX NOMBRES PREMIERS.

**80. Théorème I.** — *Tout nombre qui divise un produit de deux facteurs et est premier avec l'un d'eux, divise l'autre.*

Soit 13 qui divise le produit $12 \times 143$ et qui est premier avec 12, je dis qu'il divise 143. — En effet, 12 et 13 étant premiers entre eux ont pour plus grand commun diviseur l'unité, donc

$13 \times 143$ et $12 \times 143$ ont pour plus grand commun diviseur 143 (69). — Or, 13 divise son multiple $13 \times 143$, il divise par hypothèse $12 \times 143$, donc il divise aussi leur plus grand commun diviseur 143 (68), ce qu'il fallait démontrer.

**81. Théorème II.** — *Tout nombre premier qui divise un produit de deux ou plusieurs facteurs, divise au moins l'un de ces facteurs.*

Soit le nombre premier 7 qui divise le produit $91 \times 10 \times 15 \times 11$. Ce produit peut être regardé comme un produit de deux facteurs :

$$(91 \times 10 \times 15) \text{ et } 11.$$

Si 7 divisait 11, le théorème serait démontré, mais 7 ne divise pas 11, donc comme il est premier, il est premier avec 11 (75) et par suite, en vertu du théorème précédent, il doit diviser l'autre facteur $(91 \times 10 \times 15)$.

Ce dernier nombre peut être regardé comme le produit de deux facteurs $(91 \times 10)$ et 15. Si 7 divisait 15, le théorème serait démontré, mais comme il ne divise pas ce nombre, il est premier avec lui et doit par suite diviser $(91 \times 10)$. Enfin 7 étant encore premier avec le nombre 10 qu'il ne divise pas, doit nécessairement diviser 91, donc enfin 7 divise un des facteurs du produit proposé, ce qu'il fallait démontrer.

Corollaire. — *Tout nombre premier qui divise une puissance d'un nombre divise ce nombre*, car une puissance d'un nombre n'est autre que le produit de plusieurs facteurs égaux à ce nombre.

**82. Théorème III.** — *Lorsque deux nombres sont premiers entre eux, leurs puissances de degré quelconque sont premières entre elles.*

Soient les nombres premiers entre eux 24 et 25. On va prouver que deux puissances quelconques de ces nombres, $24^3$ et $25^4$ par exemple, sont des nombres premiers entre eux. En effet, s'il en était autrement, ces puissances admettraient un diviseur premier commun autre que l'unité (76). Ce diviseur premier devrait en vertu du corollaire précédent diviser 24 et 25. Ces nombres ne seraient donc pas premiers entre eux, ce qui est contre l'hypothèse.

**83. Théorème IV.** — *Tout nombre premier avec les facteurs d'un produit est premier avec ce produit.*

En effet, si le nombre et le produit n'étaient pas premiers entre eux, ils admettraient un diviseur premier commun autre que l'unité (76), ce diviseur devrait diviser l'un des facteurs du produit (81), donc le nombre ne serait pas premier avec ce facteur, ce qui est contre l'hypothèse.

**84. Théorème V.** — *Réciproquement tout nombre premier avec un produit est premier avec chacun de ses facteurs.*

En effet s'il existait un diviseur commun autre que l'unité entre le nombre et l'un des facteurs du produit, ce diviseur serait commun au nombre et au produit et ceux-ci ne seraient pas premiers entre eux, ce qui est contraire à l'hypothèse.

**85. Théorème VI.**—*Tout nombre divisible par des nombres premiers entre eux deux à deux est divisible par leur produit.*

Soit le nombre 360 divisible par 2, 3 et 5, nombres premiers entre eux deux à deux.

En divisant 360 par 2, on a 180 pour quotient, donc

$$360 = 2 \times 180.$$

Or 3 divise 360, donc il divise le produit $2 \times 180$ ; mais il est premier avec 2 donc il divise 180 (80). Le quotient est 60, et l'on a

$$180 = 3 \times 60.$$

Or 5 divise 360, donc il divise $2 \times 180$ et comme il est premier avec 2 il divise 180 et par suite $3 \times 60$. Mais il est aussi premier avec 3, donc il divise 60 : le quotient est 12 et l'on a :

$$60 = 5 \times 12.$$

Des égalités qui précèdent, on déduit :

$$360 = 2 \times 3 \times 5 \times 12.$$

Donc 360 est divisible par le produit $2 \times 3 \times 5$, ce qu'il fallait démontrer.

REMARQUE. — Tout nombre qui réunit les conditions de divisibilité par 2 et 3, ou par 2 et 9, ou par 4 et 9 ou bien par 9 et 11 ou encore par 3 et 4 est divisible par les produits 6, 18, 36, 99 ou 12.

**86. Théorème VII.** — *Tout nombre qui n'est pas premier est un produit de facteurs premiers.*

Soit un nombre N non premier, il admet alors un diviseur

premier $a$ (76), et l'on a N $= aq$. Si $q$ est premier le théorème est démontré. Dans le cas contraire, $q$ admet un diviseur premier $b$ et l'on a : $q = bq'$, d'où N $= abq'$. Si $q'$ est premier le théorème est donc démontré; dans le cas contraire $q'$ admet un diviseur premier $c$ et l'on a $q' = cq''$, d'où N $= abcq''$ et ainsi de suite. Or les nombres $q$, $q'$, $q''$ vont en diminuant, donc leur nombre est limité et l'on arrivera nécessairement à trouver pour l'un d'eux un nombre premier. Par suite le théorème est démontré.

**87.** *Décomposer un nombre en ses facteurs premiers*, c'est déterminer les nombres premiers dont le produit est égal à ce nombre.

**88. Théorème VIII.** — *Un nombre n'est décomposable qu'en un seul système de facteurs premiers.*

Pour le démontrer, nous allons faire voir que *si deux produits de facteurs premiers ont la même valeur, ces deux produits renferment les mêmes facteurs et chacun de ces facteurs le même nombre de fois.*

D'abord, chaque facteur de l'un des produits doit se trouver dans l'autre, car si 7 par exemple est facteur du premier produit, il doit diviser le second qui par hypothèse est égal au premier, et par suite il doit diviser l'un de ces facteurs de ce second produit (81). Or comme ces facteurs sont des nombres premiers, l'un d'eux est donc nécessairement 7.

En second lieu supposons que le premier produit contienne 4 facteurs égaux à 7 et que le second n'en contienne que 3. En supprimant 3 fois le facteur 7 dans chacun des deux produits, les résultats seront égaux. On aurait ainsi deux produits de facteurs premiers égaux entre eux et dont l'un contiendrait le facteur 7 qui ne serait pas contenu dans l'autre, ce qui est impossible comme on vient de l'établir dans la première partie du théorème. Le facteur 7, et aussi chacun des autres, doit donc être contenu le même nombre de fois dans les deux produits.

**89. Règle.** — *Pour décomposer un nombre en ses facteurs premiers, on essaie la division de ce nombre par les nombres premiers successifs 2, 3, 5... Lorsque la division par l'un de ces nombres a pu se faire exactement, on divise encore le quotient obtenu par le même nombre si cela est possible, ou par l'un des*

*nombres premiers suivants capables de le diviser. On continue*
*ainsi jusqu'à ce qu'on arrive à un quotient premier. Ce quo-*
*tient et les diviseurs employés sont les facteurs premiers du*
*nombre proposé.*

Soit par exemple à décomposer 360 en ses facteurs premiers.
360 est divisible par 2 et donne pour quotient 180, donc,

$$360 = 2 \times 180 ;$$

180 est divisible par 2 et donne pour quotient 90, donc,

$$180 = 2 \times 90 ;$$

90 est encore divisible par 2, le quotient est 45, donc,

$$90 = 2 \times 45 ;$$

45 est divisible par 3 et l'on a pour quotient 15, donc,

$$45 = 3 \times 15 ;$$

15 est encore divisible par 3, le quotient est le nombre premier 5, donc,

$$15 = 3 \times 5.$$

On déduit des égalités ci-dessus :

$$360 = 2 \times 2 \times 2 \times 3 \times 3 \times 5 \quad \text{ou} = 2^3 \times 3^2 \times 5.$$

On dispose habituellement l'opération comme il suit :

$$
\begin{array}{r|l}
360 & 2 \\
180 & 2 \\
90 & 2 \\
45 & 3 \\
15 & 3 \\
5 & 5 \\
1 &
\end{array}
\qquad 360 = 2^3 \times 3^2 \times 5.
$$

**90. Théorème.** — *Pour qu'un nombre soit exactement*
*divisible par un autre nombre, il faut et il suffit qu'il contienne*
*tous les facteurs premiers de cet autre nombre avec des expo-*
*sants au moins égaux à ceux qu'ils ont dans ce dernier.*

1° *La condition est nécessaire.* — Car si un nombre A est
divisible par un autre nombre B, A est égal au produit de B
par un certain quotient Q. Il contient par suite tous les facteurs premiers de B et en outre ceux du quotient.

2° *La condition est suffisante.* — En effet si un nombre A

renferme tous les facteurs premiers d'un autre nombre B avec des exposants au moins égaux, on pourra décomposer A en un produit de deux facteurs l'un formé de tous les facteurs de B avec leurs exposants, c'est-à-dire égal à B, l'autre formé des facteurs restant. En appelant Q ce dernier, on aura $A = B \times Q$; donc A est divisible par B.

**91. Recherche des diviseurs d'un nombre.** — Pour trouver tous les diviseurs d'un nombre, 360 par exemple, on le décompose d'abord en ses facteurs premiers. On obtient ainsi $360 = 2^3 \times 3^2 \times 5$. On écrit ensuite sur une ligne horizontale l'unité suivie des différentes puissances du premier facteur 2 jusqu'à la 3°. Puis au-dessous on écrit de même l'unité suivie des différentes puissances du second facteur 3 jusqu'à la $2^e$ et l'on multiplie les nombres de la première ligne successivement par ceux de la seconde. — On multiplie enfin tous les produits trouvés par l'unité suivie du dernier facteur 5 et les derniers produits ainsi obtenus sont tous les diviseurs de 360. On forme de cette manière le tableau suivant :

$$1. \quad 2. \quad 2^2 \quad 2^3$$
$$1. \quad 3. \quad 3^2$$

$1. \quad 2. \quad 2^2 \quad 2^3. \quad 3. \quad 2 \times 3. \quad 2^2 \times 3. \quad 2^3 \times 3. \quad 3^2. \quad 2 \times 3^2. \quad 2^2 \times 3^2. \quad 2^3 \times 3^2$
$1. \quad 5.$

$1. \quad 2. \quad 2^2. \quad 2^3. \quad 3. \quad 2 \times 3. \quad 2^2 \times 3. \quad 2^3 \times 3. \quad 3^2. \quad 2 \times 3^2. \quad 2^2 \times 3^2. \quad 2^3 \times 3^2.$
$5. \quad 2 \times 5. \quad 2^2 \times 5. \quad 2^3 \times 5. \quad 3 \times 5. \quad 2 \times 3 \times 5. \quad 2^2 \times 3 \times 5.$
$2^3 \times 3 \times 5. \quad 3^2 \times 5. \quad 2 \times 3^2 \times 5. \quad 2^2 \times 3^2 \times 5. \quad 2^3 \times 3^2 \times 5.$

Effectuant les produits indiqués, il vient :

$1. \quad 2. \quad 4. \quad 8. \quad 3. \quad 6. \quad 12. \quad 24. \quad 9. \quad 18. \quad 36. \quad 72.$
$5. \quad 10. \quad 20. \quad 40. \quad 15. \quad 30. \quad 60. \quad 120. \quad 45. \quad 90. \quad 180. \quad 360.$

Tous ces nombres sont des diviseurs de 360 car ils ne contiennent comme facteurs premiers que 2, 3, 5 avec des exposants au plus égaux : à 3 pour le facteur 2, à 2 pour le facteur 3, et à 1 pour le facteur 5. De plus 360 n'a pas d'autres diviseurs, car on a combiné entre eux les facteurs 2, 3, 5 de toutes les manières possibles en s'astreignant à les prendre avec des exposants restant dans les limites indiquées par le théorème (90).

**92. Nombre des diviseurs d'un nombre.** — Un nombre décomposé en ses facteurs premiers $a$, $b$, $c$... étant égal à un produit de la forme $a^\alpha \times b^\beta \times c^\gamma$... il résulte de la marche qui vient d'être indiquée pour trouver ses diviseurs, que leur nombre est égal à

$$(\alpha + 1)\ (\beta + 1)\ (\gamma + 1) \cdots \quad (1)$$

c'est-à-dire au produit obtenu en multipliant entre eux les exposants des facteurs premiers augmentés chacun d'une unité.

REMARQUE. — Lorsqu'un nombre est le carré d'un autre nombre, les exposants de ses facteurs premiers sont tous pairs, car on sait que pour élever un produit de facteurs à une puissance, il suffit d'élever à cette puissance chacun des facteurs du produit (36). Il résulte de la formule (1) qu'un carré a un nombre impair de diviseurs. En effet, lorsque $\alpha$, $\beta$, $\gamma$... sont pairs, $\alpha + 1$, $\beta + 1$, $\gamma + 1$... sont des nombres impairs et ont par suite pour produit un nombre impair.

Réciproquement, lorsqu'un nombre a un nombre impair de diviseurs, les facteurs $\alpha + 1$, $\beta + 1$, $\gamma + 1$, etc., de la formule (1) sont tous impairs et les exposants $\alpha$, $\beta$, $\gamma$... sont pairs. Le nombre est donc le produit par lui-même, c'est-à-dire le carré, d'un nombre formé des mêmes facteurs affectés d'exposants moitié moindres. Donc un nombre qui a un nombre impair de diviseurs est un carré.

**93. Diviseurs communs à plusieurs nombres.** — On obtient les diviseurs communs à plusieurs nombres en cherchant les diviseurs de leur plus grand commun diviseur. En effet tout diviseur de plusieurs nombres divise leur plus grand commun diviseur et réciproquement tout diviseur du plus grand commun diviseur de plusieurs nombres divise ces nombres.

REMARQUE. — Lorsque des nombres sont décomposés en leurs facteurs premiers, leur plus grand commun diviseur peut s'obtenir en formant le produit des facteurs premiers communs à ces nombres, chacun de ces facteurs étant affecté de son plus petit exposant.

Ce produit en effet est diviseur de chacun des nombres proposés et c'est le plus grand, car tout nombre renfermant un facteur de plus cesserait d'être diviseur au moins d'un des nombres en question (90).

## PLUS PETIT COMMUN MULTIPLE.

**94. Définition.** — On nomme *plus petit commun multiple* de plusieurs nombres le nombre le plus petit divisible par chacun de ces nombres.

**95. Recherche du plus petit commun multiple.** — *Pour déterminer le plus petit commun multiple de plusieurs nombres, on les décompose en leurs facteurs premiers, puis on fait le produit de tous les facteurs premiers qu'ils renferment, chacun de ces facteurs étant affecté de son plus fort exposant. Ce produit est le plus petit multiple demandé.*

Ainsi soit à chercher le plus petit commun multiple des trois nombres 360, 144 et 210. On a :

$$360 = 2^3 \times 3^2 \times 5,$$
$$144 = 2^4 \times 3^2,$$
$$210 = 2 \times 3 \times 5 \times 7.$$

Le plus petit commun multiple de ces 3 nombres est :

$$2^4 \times 3^2 \times 5 \times 7.$$

En effet ce nombre est d'abord divisible par 360, 144, 210, d'après le théorème (90), de plus c'est le plus petit nombre qui remplisse ces conditions, car il se compose des éléments strictement nécessaires pour que la condition de divisibilité (90) soit satisfaite à l'égard des 3 nombres proposés.

**96. Théorème.** — *Le plus petit commun multiple de deux nombres est égal au produit de ces nombres divisé par leur plus grand commun diviseur.*

Soient A et B deux nombres, D leur plus grand commun diviseur, Q, Q′ leurs quotients par D, on a :

$$A = D \times Q, \qquad B = D \times Q'.$$

Soit maintenant N un commun multiple de A et de B, on aura :

$$N = A \times \alpha \quad \text{ou} \quad N = D \times Q \times \alpha.$$

Mais N étant multiple de B, la quantité $D \times Q \times \alpha$ doit être divisible par B ou son égal $D \times Q'$ ; donc $Q \times \alpha$ doit être divisible par $Q'$. Or $Q'$ est premier avec Q, il doit par suite diviser $\alpha$ (80) et l'on peut poser $\alpha = Q' \times m$, donc :

$$N = D \times Q \times Q' \times m.$$

Tout commun multiple de A et B est ainsi de la forme $D \times Q \times Q' \times m$ ou encore $\dfrac{A \times B}{D} \times m$ puisque $D \times Q = A$ et $Q' = \dfrac{B}{D}$. D'ailleurs réciproquement tout nombre de cette forme est commun multiple de A et B, puisque A et B sont l'un et l'autre divisibles par D. On aura donc le plus petit commun multiple de A et B en faisant $m = 1$ ; par suite ce plus petit commun multiple vaut :

$$\frac{A \times B}{D},$$

ce qu'il fallait démontrer.

Remarque I. — Pour déterminer le plus petit commun multiple de plusieurs nombres, on peut chercher d'abord le plus petit commun multiple des deux premiers, puis le plus petit commun multiple du résultat obtenu et du troisième nombre et ainsi de suite. Le dernier plus petit commun multiple trouvé ainsi est le nombre demandé.

Remarque II. — Tout commun multiple de plusieurs nombres est un multiple de leur plus petit commun multiple.

# CHAPITRE III

## DES FRACTIONS

**97. Définitions**. — On nomme *grandeur* tout ce qui peut être augmenté et diminué.

Une unité est une grandeur arbitraire qui sert à mesurer les grandeurs de la même espèce. Mesurer une grandeur, c'est chercher combien de fois elle renferme l'unité de même espèce qu'elle. Le résultat de la mesure est un *nombre*.

Si l'unité est contenue exactement dans la grandeur, le nombre est dit *entier*. Ce sont les *nombres entiers* que nous avons définis en disant qu'un nombre est la réunion de plusieurs unités de la même espèce, et ce sont les seuls dont nous nous soyons occupés jusqu'ici.

Or il peut arriver que l'unité ne soit pas contenue exactement une ou plusieurs fois dans une grandeur, mais qu'en divisant cette unité en un certain nombre de parties égales, l'une de ces parties soit contenue exactement une ou plusieurs fois dans la grandeur : le nombre qui mesure cette grandeur porte alors le nom de *nombre fractionnaire* ou *fraction*.

On peut donc définir une fraction, une ou plusieurs parties égales de l'unité.

### FRACTIONS ORDINAIRES.

**98. Représentation des fractions**. — Une fraction se représente au moyen de deux nombres, l'un nommé *dénominateur* indique en combien de parties égales l'unité a été divisée ; l'autre nommé *numérateur* exprime combien la fraction contient de ces parties. Le numérateur et le dénominateur sont dits *les termes* de la fraction.

On écrit le numérateur au-dessus du dénominateur en les séparant par un trait horizontal. Ainsi $\frac{5}{8}$ représente une fraction ayant 5 pour numérateur et 8 pour dénominateur.

On énonce une fraction en nommant d'abord le numérateur puis le dénominateur dont on fait suivre le nom de la terminaison *ième*. Ainsi la fraction $\frac{5}{8}$ s'énonce *cinq huitièmes*. On fait exception pour les fractions ayant pour dénominateur 2, 3 ou 4 ; dans ce cas les parties de l'unité se nomment *demies*, *tiers* et *quarts*. Ainsi les fractions $\frac{1}{2}$, $\frac{2}{3}$, $\frac{3}{4}$, s'énoncent *un demi, deux tiers, trois quarts*.

**99. Remarques.** — Une fraction peut être regardée comme le quotient de la division de son numérateur par son dénominateur. En effet, pour diviser 5 par 8 par exemple, il faut prendre la huitième partie de 5 : or, on arrivera évidemment à ce résultat en prenant la huitième partie de chacune des unités qui composent le nombre 5, ce qui donne la fraction $\frac{5}{8}$.

Cette remarque permet de compléter le quotient d'une division qui présente un reste. Ainsi, soit à diviser 37 par 8. Le quotient est 4 et le reste est 5 : le nombre 5 divisé par 8 donnant $\frac{5}{8}$, le quotient complet de la division est $4 + \frac{5}{8}$, c'est-à-dire que 37 contient 8 parties égales chacune à $4 + \frac{5}{8}$.

Désormais nous appellerons *partie entière du quotient* d'une division qui présente un reste, le plus grand nombre de fois que le diviseur est contenu dans le dividende, et simplement *quotient*, le quotient complet, c'est-à-dire le nombre formé par la partie entière augmentée d'une fraction ayant pour numérateur le reste et pour dénominateur le diviseur.

L'unité peut être mise sous la forme d'une fraction ayant ses termes égaux. De même un nombre entier quelconque peut être mis sous la forme d'une fraction ayant pour numérateur le produit de son dénominateur par le nombre entier. Ainsi $4 = \frac{28}{7}$ ; de même $4 + \frac{3}{7} = \frac{31}{7}$.

Réciproquement pour extraire les entiers contenus dans une fraction, on n'a qu'à faire la division du numérateur par le dénominateur. Ainsi : $\dfrac{65}{7} = 9 + \dfrac{2}{7}$.

Dans ce qui va suivre, nous donnerons le nom de *fraction proprement dite* à toute fraction moindre que un, c'est-à-dire ayant son dénominateur plus grand que son numérateur.

**100. Théorème I.** — *Lorsque l'on rend le numérateur d'une fraction un certain nombre de fois plus grand ou plus petit, la fraction devient le même nombre de fois plus grande ou plus petite.*

En effet, le dénominateur restant le même, les parties d'unité dont est formée la fraction conservent la même valeur : si donc le nombre de ces parties devient 2, 3, 4... fois plus grand ou plus petit, la fraction prend une valeur 2, 3, 4... fois plus grande ou plus petite.

**101. Théorème II.** — *Lorsque l'on rend le dénominateur d'une fraction un certain nombre de fois plus grand ou plus petit, la fraction devient le même nombre de fois plus petite ou plus grande.*

En effet, le numérateur restant le même, la fraction contient toujours le même nombre de parties d'unité, seulement ces parties deviennent 2, 3, 4... fois plus petites ou plus grandes suivant que leur nombre devient 2, 3, 4... fois plus grand ou plus petit. Donc la valeur de la fraction devient elle-même 2, 3, 4,... fois plus petite ou plus grande.

Corollaire. — On déduit des deux théorèmes qui précèdent le principe suivant :

*Une fraction ne change pas de valeur lorsque l'on rend à la fois ses deux termes le même nombre de fois plus grands ou plus petits.*

**102. Définition.** — On nomme *fraction irréductible* toute fraction qui ne peut être exprimée en termes plus simples.

**103. Théorème I.** — *Les termes d'une fraction irréductible sont premiers entre eux.*

En effet, s'il en était autrement, on pourrait diviser les deux termes par leur plus grand commun diviseur, qui serait alors autre que 1, et l'on obtiendrait ainsi une fraction équivalente exprimée au moyen de termes plus simples, ce qui est contre l'hypothèse.

**104. Théorème II.** — *Toute fraction dont les termes sont premiers entre eux est irréductible.*

Ce théorème sera démontré si l'on fait voir que toute fraction égale à une fraction dont les termes sont premiers entre eux a ses termes *équimultiples* des termes de celle-ci.

Soit la fraction $\dfrac{5}{7}$ dont les termes sont premiers entre eux et soit $\dfrac{a}{b}$ une fraction égale à $\dfrac{5}{7}$. Si l'on multiplie par $b$ les deux termes de la fraction $\dfrac{5}{7}$, et par 7 les deux termes de la fraction $\dfrac{a}{b}$, ces fractions ne changent pas de valeur, donc on a encore :

$$\frac{5 \times b}{7 \times b} = \frac{a \times 7}{b \times 7}.$$

Et par suite :

$$5 \times b = a \times 7. \qquad (1)$$

Or 5 divise le premier membre de l'égalité, il divise donc aussi le second. Mais il est premier avec 7, donc il divise $a$ (80) et l'on a en nommant $q$ le quotient,

$$a = 5 \times q.$$

Remplaçant $a$ par cette valeur, l'égalité (1) devient :

$$5 \times b = 5 \times q \times 7,$$

d'où

$$b = 7 \times q.$$

$a$ et $b$ sont donc respectivement les produits de 5 et 7 par le même nombre $q$, c'est-à-dire sont des *équimultiples* de 5 et 7.

Toute fraction égale à $\dfrac{5}{7}$ a donc ses termes respectivement plus grands que 5 et 7 et par suite $\dfrac{5}{7}$ est bien irréductible.

Corollaire. — Deux fractions irréductibles égales ont leurs termes égaux chacun à chacun.

**105. Réduction d'une fraction à sa plus simple expression.** — Réduire une fraction à sa plus simple expression, c'est chercher la fraction irréductible qui lui est égale.

Pour réduire une fraction à sa plus simple expression, on peut décomposer ses deux termes en leurs facteurs premiers et supprimer tous les facteurs qui leur sont communs. On peut encore diviser les deux termes par leur plus grand commun diviseur. Les quotients obtenus qui sont premiers entre eux (71), sont les termes de la fraction demandée.

**106. Réduction des fractions au même dénominateur.** — Réduire deux ou plusieurs fractions au même dénominateur, c'est les remplacer par d'autres équivalentes ayant toutes le même dénominateur.

Pour cela il suffit de multiplier les deux termes de chacune d'elles par le produit des dénominateurs de toutes les autres. On obtient ainsi des fractions équivalentes aux premières et dont le dénominateur est le même, puisqu'il est le produit des dénominateurs de toutes les fractions.

**107. Réduction des fractions au plus petit dénominateur commun.** — Il importe, lorsque l'on a à réduire des fractions au même dénominateur, de choisir le dénominateur le plus petit possible. Soient donc :

$$\frac{3}{4} \qquad \frac{7}{12} \qquad \frac{11}{20}$$

des fractions que l'on veut réduire au plus petit dénominateur commun.

Ayant constaté qu'elles sont toutes irréductibles (si certaines ne l'étaient pas, il faudrait commencer par les réduire à leur plus simple expression), on remarquera que toute fraction équivalente à la première aura son dénominateur multiple de 4 (104). De même, les fractions respectivement équivalentes à $\frac{7}{12}$ et $\frac{11}{20}$ auront leur dénominateur multiple de 12 et multiple de 20. Donc, puisque le dénominateur des fractions cherchées doit être le même, il sera nécessairement commun multiple de 4, 12 et 20.

D'autre part, on peut remplacer les fractions proposées par d'autres respectivement égales ayant pour dénominateur commun un commun multiple quelconque de 4, 12 et 20 ; il suffit en effet pour cela de diviser ce commun multiple successivement par 4, 12 et 20, et de multiplier les deux termes de chaque fraction par le quotient qui lui correspond.

La condition nécessaire et suffisante pour qu'un nombre puisse servir de dénominateur commun à des fractions respectivement équivalentes aux proposées, est donc que ce nombre soit un commun multiple des dénominateurs 4, 12 et 20.

Par suite le plus petit nombre que l'on peut prendre pour dénominateur commun est le plus petit commun multiple de 4, 12 et 20.

Ce plus petit commun multiple est 60 qui divisé successivement par 4, par 12 et par 20 donne pour quotients 15, 5 et 3. Les fractions demandées sont donc :

$$\frac{45}{60} \quad \frac{35}{60} \quad \frac{33}{60}.$$

Ainsi, *pour réduire des fractions au plus petit dénominateur commun, il faut d'abord, s'il y a lieu, les réduire à leur plus simple expression. Puis on cherche le plus petit commun multiple des dénominateurs, on le divise par le dénominateur de chacune des fractions et l'on multiplie les deux termes de la fraction par le quotient correspondant.*

**108. Théorème.** — *Lorsqu'on ajoute un même nombre aux deux termes d'une fraction, elle se rapproche de l'unité.*

Soit $\frac{a}{b}$ une fraction : ajoutons un même nombre $m$ à ses deux termes, il vient $\frac{a+m}{b+m}$. Pour comparer cette fraction à la première, réduisons au même dénominateur et comparons ensuite les numérateurs ; le plus grand des deux appartiendra à la fraction la plus grande.

Or les fractions réduites au même dénominateur deviennent :

$$\frac{ab+am}{b(b+m)}, \quad \frac{ab+bm}{b(b+m)}.$$

Donc, si $a$ est moindre que $b$ le numérateur $ab+am$ de la première est moindre que le numérateur $ab+bm$ de la seconde et l'on a :

$$\frac{a}{b} < \frac{a+m}{b+m} \quad (^*).$$

Si au contraire $a$ est plus grand que $b$, $ab+am$ est plus grand que $ab+bm$ et l'on a :

$$\frac{a}{b} > \frac{a+m}{b+m} .$$

Ainsi la fraction augmente lorsqu'elle est moindre que l'unité et elle diminue dans le cas contraire. Dans les deux cas elle se rapproche donc de l'unité.

CorOLLAIRE. — Lorsqu'on retranche un même nombre des deux termes d'une fraction, elle diminue si elle est moindre que 1, et augmente dans le cas contraire. Dans les deux cas, elle s'éloigne donc de l'unité.

**109. Théorèmes.** — *Lorsque deux ou plusieurs fractions sont égales, la fraction obtenue en les ajoutant terme à terme est égale à chacune d'elles.*

*Lorsque deux ou plusieurs fractions sont inégales, la fraction obtenue en les ajoutant terme à terme est comprise entre la plus grande et la plus petite.*

Pour démontrer ces théorèmes, il suffit de réduire les fractions données et celles obtenues au même dénominateur et de comparer ensuite les numérateurs. On commence par considérer deux fractions seulement et l'on passe ensuite au cas d'un plus grand nombre.

OPÉRATIONS SUR LES FRACTIONS ORDINAIRES.

### Addition.

**110. Règle.** — *Lorsque les fractions à additionner ont le même dénominateur, il suffit d'ajouter leurs numérateurs et de donner à la somme pour dénominateur le dénominateur commun. Le résultat ainsi obtenu est la somme demandée.*

*Lorsque les fractions proposées n'ont pas le même dénominateur, on commence par les réduire au même dénominateur et l'on opère ensuite comme il vient d'être dit.*

---

($^*$) Le signe $>$ veut dire plus grand que, le signe $<$ veut dire plus petit que.

Ainsi

$$\frac{3}{4} + \frac{7}{12} + \frac{11}{20} = \frac{45}{60} + \frac{35}{60} + \frac{33}{60} = \frac{113}{60}.$$

Si des entiers sont joints aux fractions, on ajoute d'abord les fractions entr'elles, puis les entiers et l'on augmente s'il y a lieu cette dernière somme des entiers qui pourraient être contenus dans la somme des fractions.

Ainsi

$$\left(3 + \frac{3}{4}\right) + \left(2 + \frac{7}{12}\right) + \left(10 + \frac{11}{20}\right) = 15 + \frac{113}{60} = 16 + \frac{53}{60}.$$

### Soustraction.

**111. Règle.** — *Lorsque les fractions ont le même dénominateur, on opère la soustraction sur les numérateurs et l'on donne au résultat pour dénominateur celui des fractions. On a ainsi la différence demandée. — Si les fractions ont des dénominateurs différents, on les réduit d'abord au même dénominateur, puis l'on opère comme il vient d'être dit.*

Ainsi

$$\frac{7}{8} - \frac{5}{12} = \frac{21}{24} - \frac{10}{24} = \frac{11}{24}.$$

Lorsque des entiers sont joints aux fractions, on opère séparément sur les entiers et sur les fractions lorsque cela est possible et l'on rapproche les résultats. Mais lorsque la fraction qui accompagne le plus grand nombre entier est plus petite que l'autre fraction, on ajoute à son numérateur un nombre égal à son dénominateur, ce qui revient à l'augmenter d'une unité, et en même temps on ajoute une unité à la partie entière du nombre à retrancher. De cette façon la soustraction devient possible et le résultat n'est pas altéré.

Ainsi soit à retrancher $3 + \dfrac{11}{12}$ de $8 + \dfrac{5}{7}$.

Les fractions réduites au même dénominateur valent $\dfrac{77}{84}$ et $\dfrac{60}{84}$.

On prend au lieu de cette dernière $\dfrac{144}{84}$ et l'on fait la sous-traction suivante :

$$\left(8 + \frac{144}{84}\right) - \left(4 + \frac{77}{84}\right) = 4 + \frac{67}{84}.$$

### Multiplication.

**112. Définition.** — *Multiplier un nombre quelconque par un nombre entier, c'est, comme on l'a vu, faire la somme d'autant de nombres égaux au multiplicande qu'il y a d'unités dans le multiplicateur.* Cette définition n'est pas applicable lorsque le multiplicateur est fractionnaire : on dit dans ce cas que *multiplier un nombre quelconque par une fraction, c'est partager ce nombre en autant de parties égales que l'indique le dénominateur de la fraction et prendre un nombre de ces parties marqué par le numérateur.*

**113. Multiplication d'une fraction par un entier.** — Soit à multiplier $\dfrac{5}{7}$ par 4. Par définition, il faut faire la somme de 4 nombres égaux à $\dfrac{5}{7}$ ce qui donne immédiatement pour résultat : $\dfrac{5 \times 4}{7}$ ou $\dfrac{20}{7}$.

Donc *pour multiplier une fraction par un entier, on multiplie le numérateur de la fraction par l'entier et l'on donne au produit pour dénominateur celui de la fraction.*

**114. Multiplication d'un entier par une fraction.** — Soit 4 à multiplier par $\dfrac{5}{7}$. Par définition il faut prendre le septième de 4 et le répéter 5 fois, c'est-à-dire prendre les $\dfrac{5}{7}$ de 4. Or le septième de 4 est $\dfrac{4}{7}$ et les $\dfrac{5}{7}$ valent $\dfrac{4 \times 5}{7}$ ou $\dfrac{20}{7}$. Le produit de 4 par $\dfrac{5}{7}$ est donc $\dfrac{20}{7}$.

Ainsi *pour multiplier un entier par une fraction, on multiplie l'entier par le numérateur et l'on donne au produit pour dénominateur celui de la fraction.*

REMARQUE. — On peut intervertir l'ordre de deux facteurs

dont l'un est une fraction. En effet $\dfrac{5}{7} \times 4 = \dfrac{5 \times 4}{7}$; $4 \times \dfrac{5}{7}$

$= \dfrac{4 \times 5}{7}$ et l'on sait que $5 \times 4 = 4 \times 5$, donc

$$\dfrac{5}{7} \times 4 = 4 \times \dfrac{5}{7} \cdot$$

**115. Multiplication d'une fraction par une fraction.**

— Soit $\dfrac{11}{12}$ à multiplier par $\dfrac{7}{8}$. Par définition, il faut prendre

le huitième de $\dfrac{11}{12}$ et le répéter 7 fois, c'est-à-dire prendre les

$\dfrac{7}{8}$ de $\dfrac{11}{12}$. Or le huitième de $\dfrac{11}{12}$ est $\dfrac{11}{12 \times 8}$ et les $\dfrac{7}{8}$ valent

$\dfrac{11 \times 7}{12 \times 8}$ ou $\dfrac{77}{96}$. Donc $\dfrac{11}{12} \times \dfrac{7}{8} = \dfrac{77}{96} \cdot$

Ainsi *pour multiplier une fraction par une fraction, on multiplie les numérateurs entre eux et aussi les dénominateurs entre eux. Le premier produit est le numérateur du résultat, et le second produit en est le dénominateur.*

Remarque I. — Le produit de $\dfrac{7}{8}$ par $\dfrac{11}{12}$ est $\dfrac{7 \times 11}{8 \times 12}$. Cette

valeur étant égale à $\dfrac{11 \times 7}{12 \times 8}$ qui représente le produit de $\dfrac{11}{12}$

par $\dfrac{7}{8}$, on voit qu'on peut intervertir l'ordre de deux facteurs

fractionnaires sans changer leur produit.

Remarque II. — Le produit $\dfrac{77}{96}$ est moindre que $\dfrac{11}{12}$ puisqu'il

en est les $\dfrac{7}{8}$; il est aussi moindre que $\dfrac{7}{8}$ car on peut dire qu'il

en est les $\dfrac{11}{12}$ d'après la remarque I. Donc le produit de deux

fractions proprement dites est moindre que chacun des deux facteurs. — Les puissances successives d'une fraction proprement dite vont par suite en décroissant.

Remarque III. — Une puissance quelconque d'une fraction irréductible est une fraction irréductible En effet, lorsque deux nombres sont premiers entre eux, leurs puissances sont aussi des nombres premiers entre eux (82).

**116. Cas où des entiers accompagnent les fractions.**
— Il suffit dans ce cas de multiplier séparément les parties du multiplicande par chacune de celles du multiplicateur et d'ajouter les produits partiels.

Il vaut mieux opérer comme dans le cas précédent (115) après avoir mis les facteurs sous forme fractionnaire.

Ainsi

$$\left(2+\frac{3}{7}\right)\times\left(3+\frac{5}{6}\right)=\frac{17}{7}\times\frac{23}{6}=\frac{17\times23}{7\times6}.$$

**117. Fractions de fractions.** — Soit proposé de prendre les $\frac{3}{4}$ des $\frac{6}{7}$ des $\frac{5}{8}$ de $\frac{10}{11}$.

On prend d'abord les $\frac{5}{8}$ de $\frac{10}{11}$, ce qui donne $\dfrac{10\times5}{11\times8}$;

puis les $\frac{6}{7}$ du résultat, ce qui donne $\dfrac{10\times5\times6}{11\times8\times7}$;

puis les $\frac{3}{4}$ du nouveau résultat, qui valent $\dfrac{10\times5\times6\times3}{11\times8\times7\times4}$.

Le nombre demandé est donc égal au produit des numérateurs des fractions divisé par le produit de leurs dénominateurs. Ce n'est autre que le produit des facteurs fractionnaires $\dfrac{10}{11}$, $\dfrac{5}{8}$, $\dfrac{6}{7}$ et $\dfrac{3}{4}$.

REMARQUE. — Dans un produit de plusieurs facteurs fractionnaires, on peut intervertir l'ordre des facteurs.

### Division.

**118. Définition.** — *La division a pour but de trouver un nombre nommé quotient qui multiplié par le diviseur reproduise le dividende.*

**119. Division d'une fraction par un entier.** — Soit à diviser $\frac{5}{7}$ par 4. Par définition, le quotient multiplié par 4 doit donner pour résultat $\frac{5}{7}$ : donc $\frac{5}{7}$ vaut 4 fois le quotient ;

celui-ci est donc 4 fois plus petit que $\dfrac{5}{7}$, par suite il vaut

$\dfrac{5}{7 \times 4}$ ou $\dfrac{5}{28}$.

*On n'a donc pour diviser une fraction par un entier qu'à multiplier le dénominateur de la fraction par l'entier. On peut encore, si le numérateur est divisible par l'entier, le diviser par cet entier et donner au résultat pour dénominateur celui de la fraction.*

Ainsi $\dfrac{8}{11} : 4 = \dfrac{2}{11}$.

**120. Division d'une fraction par un entier.** — Soit à diviser 4 par $\dfrac{5}{7}$. Le quotient multiplié par $\dfrac{5}{7}$ doit reproduire 4, donc 4 est les $\dfrac{5}{7}$ du quotient. Par suite $\dfrac{1}{7}$ du quotient vaut $\dfrac{4}{5}$ et le quotient lui-même vaut $\dfrac{4 \times 7}{5}$ ou $\dfrac{28}{5}$.

Ce résultat étant celui de la multiplication de 4 par $\dfrac{7}{5}$ on voit que *pour diviser un entier par une fraction, on multiplie le dividende par la fraction diviseur renversée.*

**121. Division d'une fraction par une fraction.** — Soit $\dfrac{3}{8}$ à diviser par $\dfrac{7}{9}$. Le raisonnement est le même que pour le cas précédent et l'on trouve pour quotient $\dfrac{3 \times 9}{8 \times 7}$.

*On divise donc une fraction par une fraction en multipliant la fraction dividende par la fraction diviseur renversée.*

Remarque. — Dans cet exemple et le précédent, le dividende est une partie du quotient : ce dernier est par conséquent plus grand que le dividende.

Ceci a lieu toutes les fois que le diviseur est une fraction proprement dite.

**122. Cas où des entiers accompagnent les fractions.** — Il faut mettre le dividende et le diviseur sous forme fractionnaire et opérer comme dans le cas de la division de deux fractions.

Ainsi : $\left(3 + \dfrac{2}{7}\right) : \left(4 + \dfrac{1}{5}\right) = \dfrac{23}{7} : \dfrac{21}{5} = \dfrac{23 \times 5}{7 \times 21}$.

## FRACTIONS DÉCIMALES.

**123. Définition.** — On nomme *fractions décimales* des fractions dont le dénominateur est 10 ou une puissance de 10.

**124. Représentation des fractions décimales.** — Le principe de la numération écrite (7) permet de représenter les fractions décimales comme les nombres entiers. En effet, si à la droite du chiffre des unités d'un nombre on écrit un chiffre, il représentera en vertu de ce principe, des unités dix fois plus petites que les unités simples, c'est-à-dire des dixièmes ; si à la droite du chiffre des dixièmes on écrit un autre chiffre, il représentera des unités dix fois moindres ou des centièmes, etc. Afin de distinguer les unités simples des dixièmes, on place à leur droite une virgule, et dans le cas où les entiers font défaut, on les remplace par un zéro à la droite duquel on met une virgule.

Ainsi deux unités, trois dixièmes, cinq centièmes, sept millièmes, s'écrivent : 2,357.

De même trois dixièmes, huit centièmes, s'écrivent : 0,38.

Ces nombres s'appellent *nombres décimaux*. La partie placée à la droite de la virgule est la *partie décimale* : les chiffres qui la composent sont dits *chiffres décimaux*.

Si l'on remarque qu'un dixième vaut 10 centièmes ou encore 100 millièmes, car un centième vaut 10 millièmes, les nombres cités plus haut pourront s'énoncer : 2 unités, 357 millièmes et 38 centièmes.

Le premier peut encore s'énoncer : deux mille trois cent cinquante-sept millièmes, car une unité vaut mille millièmes.

On peut donc pour énoncer un nombre décimal lire d'abord la partie entière s'il y en a une, puis la partie décimale comme si elle était un nombre entier, mais en ajoutant le nom de ses unités les plus faibles. On peut encore lire tout le nombre abstraction faite de la virgule comme s'il était entier, en ajoutant le nom des unités décimales les plus faibles, c'est-à-dire des unités représentées par le dernier chiffre à droite.

Remarque. — Pour écrire un nombre décimal sous forme de fraction ordinaire, il suffit de prendre pour numérateur le nombre abstraction faite de la virgule et pour dénominateur l'unité suivie d'autant de zéros qu'il y a de chiffres décimaux dans le nombre.

Ainsi 42,517 peut s'écrire $\dfrac{42517}{1000}$ ; de même $0,5678 = \dfrac{5678}{10000}$.

**125. Multiplication d'un nombre décimal par une puissance de 10.** — Pour multiplier un nombre décimal par 10, 100, 1000... on n'a qu'à reporter la virgule vers la droite d'autant de rangs qu'il y a de zéros après l'unité, car on donne ainsi une valeur 10, 100, 1000... fois plus forte à chacun des chiffres que comprend le nombre.

Ainsi $3,217 \times 100 = 321,7$.

S'il n'y a pas assez de chiffres pour placer convenablement la virgule, on y supplée au moyen de zéros.

Ainsi $3,217 \times 100000 = 321700$.

**126. Division d'un nombre décimal par une puissance de 10.** — Pour diviser un nombre décimal par 10, 100, 1000... on n'a qu'à reporter la virgule vers la gauche d'autant de rangs qu'il y a de zéros après l'unité ; de cette façon en effet chacun des chiffres du nombre prend une valeur 10, 100, 1000... fois moindre.

Ainsi $432,57 : 100 = 4,3257$.

S'il n'y a pas assez de chiffres pour placer la virgule comme il faut, on y supplée au moyen de zéros.

Ainsi $32,57 : 10000 = 0,003257$.

**127.** Lorsqu'on écrit ou supprime des zéros à la droite d'un nombre décimal, la valeur de ce nombre reste la même, car la position de ses chiffres par rapport à la virgule ne se trouve pas changée, et par suite chacun d'eux conserve la même valeur.

OPÉRATIONS SUR LES NOMBRES DÉCIMAUX.

### Addition et soustraction.

**128. Règle.** — *L'addition et la soustraction se font comme pour les nombres entiers. Les chiffres qui expriment des unités de la même espèce doivent être placés exactement les uns sous* *les autres, les virgules dans une même colonne sous laquelle on place la virgule dans le résultat. — Celui-ci doit renfermer autant de chiffres décimaux que celui des nombres à addition-ner ou à soustraire qui en a le plus.*

Lorsque dans la soustraction, le plus grand nombre a moins de chiffres décimaux que l'autre, on y supplée en écrivant à sa droite un nombre suffisant de zéros.

Ainsi soit à retrancher 3,1416 du nombre 7,31 : on écrira ce dernier 7,3100 et l'on aura pour reste 4,1684.

### Multiplication.

**129. Règle.** — Soit à multiplier 13,742 par 0,17. Les fac-teurs peuvent s'écrire :

$$\frac{13742}{1000} \quad \text{et} \quad \frac{17}{100} \cdot$$

D'après la règle de la multiplication des fractions (115) leur produit est $\dfrac{13742 \times 17}{1000 \times 100}$ ou $\dfrac{13742 \times 17}{100000} \cdot$

On l'obtiendra donc en séparant 5 chiffres décimaux sur la droite du produit de 13742 par 17.

De là cette règle : *Pour multiplier des nombres décimaux, on opère sur ces nombres, abstraction faite de la virgule, comme sur des nombres entiers et l'on sépare au résultat au-tant de chiffres décimaux qu'il y en a dans les facteurs réunis.*

Remarque I. — Si le produit ne renferme pas assez de chiffres pour que l'on puisse séparer le nombre de chiffres décimaux voulu, on y supplée au moyen de zéros. Ainsi : 0,0004 × 0,03 = 0,000012.

Remarque II. — Le carré d'un nombre décimal renferme un nombre pair de chiffres décimaux. — Le cube en renferme un nombre multiple de 3.

### Division.

**130. Premier cas.** — *Le diviseur est un nombre entier.*

Soit 8,127 à diviser par 19. Le dividende peut s'écrire $\dfrac{8127}{1000}$, donc le quotient sera $\dfrac{8127}{1000 \times 19}$ d'après la règle de la division d'une fraction par un nombre entier (119).

Or, on a vu (50) que pour diviser un nombre par un produit de facteurs, on peut le diviser successivement par les facteurs du produit. On obtiendra donc le résultat en divisant 8127 par 19 puis le quotient par 1000.

En divisant 8127 par 19 on a pour quotient 427 et pour reste 14, donc le quotient demandé est $0{,}427 + \dfrac{14}{19}$ de millièmes.

Ainsi *pour diviser un nombre décimal par un nombre entier, on fait la division comme si le dividende était entier et l'on sépare à la partie entière du quotient autant de chiffres décimaux qu'il y en a dans le dividende.* On complète si l'on veut ce quotient au moyen du reste, comme il est indiqué dans l'exemple précédent.

**131. Deuxième cas.** — *Le diviseur est décimal.* Soit 8,126 à diviser par 15,14. On a :

$$8{,}126 : 15{,}14 = 8{,}126 : \dfrac{1514}{100} = \dfrac{8{,}126 \times 100}{1514} = 812{,}6 : 1514,$$

ce qui ramène au cas précédent.

De là cette règle : *Pour diviser un nombre par un nombre décimal, on multiplie le dividende et le diviseur par la plus petite puissance de 10 capable de rendre le diviseur entier. On se trouve alors ramené à la division d'un nombre entier ou décimal par un nombre entier.*

Remarque. — Si l'on a besoin du reste, il importe de ne pas oublier qu'il se trouve multiplié par la puissance de 10 par laquelle on a multiplié le dividende et le diviseur.

**132. Évaluation du quotient de deux nombres à moins de 0,1, 0,01, 0,001, etc.** — Dans l'un des exemples qui précèdent, celui de la division de 8,127 par 19, nous avons trouvé pour quotient $0{,}427 + \dfrac{14}{19}$ de millième. Si nous négligeons la fraction de millième, 0,427 sera la valeur du quotient à moins de 0,001 ; ce qui signifie que le plus grand nombre de millièmes contenus dans le quotient est 427. Supposons maintenant qu'ayant écrit un zéro à la droite du dividende qui de·

vient ainsi 8,1270, on continue la division, le quotient sera
0,4277 $+ \dfrac{7}{19}$ de dix-millièmes ; sa valeur à moins de 0,0001
sera donc 0,4277 (*). On l'aurait à moins de un cent-millième
en continuant la division après avoir écrit un nouveau zéro à
la droite du dividende et ainsi de suite.

On voit par là que pour obtenir le quotient de la division de
deux nombres à moins de 0,1, 0,01, 0,001... il suffit de pour-
suivre l'opération en écrivant des zéros à la droite du dividende
jusqu'à ce qu'on ait obtenu au quotient un chiffre qui exprime
des unités de l'ordre indiqué par l'approximation.

REMARQUE I. — On entend en général par évaluer le quotient de deux nombres à moins de $\dfrac{1}{n}$, chercher le plus grand
nombre de $n^{\text{ièmes}}$ contenus dans ce quotient.

Soient deux nombres $a$ et $b$ dont on veut obtenir le quotient
à moins de $\dfrac{1}{n}$. Nommons $x$ le plus grand nombre de $n^{\text{ièmes}}$
cherché, nous aurons :

$$\frac{x}{n} < \frac{a}{b} < \frac{x+1}{n}$$

d'où multipliant par $n$,

$$x < \frac{a \times n}{b} < x + 1$$

On voit par là qu'on obtiendra $x$ en multipliant le dividende
$a$ par $n$, divisant ensuite le produit par le diviseur $b$ et prenant
la partie entière du quotient.

Donc *pour trouver à moins de* $\dfrac{1}{n}$ *le quotient de la division
de deux nombres, on multipliera le dividende par* n, *on divisera le produit ainsi obtenu par le diviseur et l'on fera exprimer des* $n^{\text{ièmes}}$ *à la partie entière du quotient.*

EXEMPLE. — Évaluer le quotient de 22 par 5 à moins de $\dfrac{1}{7}$.

---

(*) Nous ferons remarquer que 0,4277 est la valeur du quotient à moins
de $\dfrac{1}{2}$ dix-millième, car la fraction $\dfrac{7}{19}$ est moindre que $\dfrac{1}{2}$. En général,
lorsque le dernier reste est inférieur à la moitié du diviseur, le quotient est
obtenu à moins d'une $\dfrac{1}{2}$ unité de l'ordre de son dernier chiffre.

$22 \times 7 = 154$, dont le quotient par 5 a 30 pour partie entière. Le quotient demandé est donc $\dfrac{30}{7}$.

$\dfrac{30}{7}$ est le quotient par défaut ; on l'aurait par excès toujours à moins de $\dfrac{1}{7}$ en prenant $\dfrac{31}{7}$.

Remarque II. — Si l'on voulait évaluer le quotient de deux nombres à moins de $\dfrac{m}{n}$ (ce qui signifie chercher le plus grand multiple de $\dfrac{m}{n}$ contenu dans ce quotient), on devrait multiplier le dividende par $\dfrac{n}{m}$, puis diviser le produit par le diviseur et multiplier par $\dfrac{m}{n}$ la partie entière du quotient.

En effet, nommant $x$ le plus grand nombre de fois que $\dfrac{m}{n}$ est contenu dans le quotient de deux nombres $a$ et $b$, on a :

$$\frac{m}{n} \times x < \frac{a}{b} < \frac{m}{n}(x+1),$$

d'où multipliant par $\dfrac{n}{m}$,

$$x < \frac{a \times \dfrac{n}{m}}{b} < x + 1.$$

Exemple. — Évaluer le quotient de 83 par 11 à moins de $\dfrac{3}{7}$.

$$83 \times \frac{7}{3} = \frac{581}{3}$$

En divisant $\dfrac{581}{3}$ par 11, on trouve 17 pour partie entière du quotient.

Donc le quotient demandé est $17 \times \dfrac{3}{7}$ ou $\dfrac{51}{7}$.

$\dfrac{51}{7}$ est le quotient par défaut ; $18 \times \dfrac{3}{7}$ ou $\dfrac{54}{7}$ serait le quotient par excès, toujours à moins de $\dfrac{3}{7}$.

CONVERSION DES FRACTIONS ORDINAIRES EN DÉCIMALES.

**133.** Convertir une fraction ordinaire en fraction décimale, c'est déterminer une fraction décimale équivalente à la fraction proposée. Nous allons d'abord établir la condition moyennant laquelle la conversion est possible ; nous indiquerons ensuite le moyen d'opérer cette conversion.

**134. Théorème.** — *Pour qu'une fraction ordinaire irré-ductible puisse être évaluée exactement en décimales, il faut et il suffit que son dénominateur ne renferme pas d'autres facteurs premiers que 2 et 5.*

1° *La condition est nécessaire.* — En effet soit $\dfrac{a}{b}$ une fraction irréductible et supposons qu'il existe une fraction décimale équivalente, cette dernière pourra se représenter par $\dfrac{A}{10^n}$ et nous aurons :

$$\frac{a}{b} = \frac{A}{10^n}.$$

Mais $\dfrac{a}{b}$ étant irréductible, $10^n$ est multiple de $b$ (104), ce dénominateur $b$ ne peut donc renfermer d'autres facteurs premiers que ceux de $10^n$, c'est-à-dire que les facteurs 2 et 5.

2° *La condition est suffisante.* — Soit en effet la fraction irréductible $\dfrac{7}{2^3 \times 5}$ dont le dénominateur ne renferme pas de facteurs premiers autres que 2 et 5. On peut toujours multiplier les deux termes d'une telle fraction par celui des facteurs 2 ou 5 qui a l'exposant le plus faible dans le dénominateur, ce facteur étant affecté d'un exposant tel que, multiplication faite, 2 et 5 aient au dénominateur le même exposant. On aura ainsi :

$$\frac{7}{2^3 \times 5} = \frac{7 \times 5^2}{2^3 \times 5^3} = \frac{7 \times 5^2}{10^3} = 0{,}175.$$

La fraction peut donc être évaluée exactement en décimales.

REMARQUE. — Le nombre des chiffres décimaux du résultat

est égal au plus fort exposant des facteurs 2 et 5 du dénominateur de la fraction.

### 135. Évaluation d'une fraction ordinaire en décimales. — Soit à convertir en fraction décimale la fraction $\frac{3}{8}$.

Une fraction représentant le quotient de la division de son numérateur par son dénominateur (99), on est conduit à évaluer en décimales le quotient de 3 par 8 (132). On dira donc : 3 unités valent 30 dixièmes dont le quotient par 8 est 3 dixièmes avec un reste égal à 6 dixièmes. Ces 6 dixièmes valent 60 centièmes dont le quotient par 8 est 7 centièmes avec un reste 4 centièmes. Ce reste vaut 40 millièmes dont le quotient par 8 est exactement 5 millièmes. La fraction $\frac{3}{8}$ vaut donc exactement 0,375.

Soit encore à évaluer en décimales la fraction $\frac{3}{7}$. Nous savons d'abord qu'il n'existe pas de fraction décimale équivalente à $\frac{3}{7}$ puisque la condition énoncée dans le théorème qui précède n'est pas remplie. Nous pourrons néanmoins conduire l'opération comme dans l'exemple précédent et le quotient représentera la valeur de $\frac{3}{7}$ à moins de un dixième, un centième, un millième... suivant que nous pousserons les calculs jusqu'aux chiffres représentant ces diverses unités décimales. L'opération pouvant être conduite aussi loin qu'on voudra sans jamais donner pour reste zéro, la fraction décimale représentée par le quotient est illimitée.

Ainsi *pour évaluer une fraction ordinaire en décimales, on divise le numérateur par le dénominateur et l'on a la partie entière du résultat, laquelle est zéro lorsque la fraction est moindre que l'unité. On écrit un zéro à la droite du reste ; on divise le nombre ainsi obtenu par le diviseur et l'on a le chiffre des dixièmes ; on écrit un zéro à la droite du nouveau reste et l'on divise le résultat par le diviseur, ce qui donne le chiffre des centièmes. On continue ainsi jusqu'à ce qu'on arrive à un reste zéro, ce qui a lieu lorsque la fraction sur laquelle on opère remplit la condition voulue (134) pour être exactement exprimée en décimales. Dans le cas contraire, on s'arrête après avoir obtenu tel nombre de chiffres décimaux que l'on veut.*

*Le résultat représente alors la valeur de la fraction proposée à moins d'une unité de l'ordre du dernier chiffre décimal trouvé au quotient.*

**136. Théorème.**— *Lorsqu'une fraction ne peut être évaluée exactement en décimales, le quotient de la division de son numérateur par son dénominateur est périodique, c'est-à-dire se compose des mêmes chiffres se reproduisant périodiquement dans le même ordre.*

En effet, les restes que l'on obtient en faisant la division sont tous inférieurs au diviseur, donc après un nombre d'opérations au plus égal au diviseur diminué de un, on retombe nécessairement sur un reste déjà obtenu, et comme les dividendes successifs se forment en écrivant un zéro à la droite de chaque reste, on retrouve à ce moment un dividende déjà obtenu : dès lors les dividendes et par suite les chiffres du quotient se reproduisent indéfiniment dans le même ordre.

L'ensemble des chiffres qui se reproduisent se nomme *la période.* Lorsque la période commence immédiatement après la virgule, la fraction est dite *périodique simple.* Lorsqu'il existe entre la virgule et la période des chiffres qui ne font pas partie de cette dernière, la fraction est dite *périodique mixte.*

Ainsi

$$0,572572572....$$

est une fraction périodique simple, et

$$0,83572572572....$$

est une fraction périodique mixte.

**137. Résumé.** — En résumé donc lorsqu'on veut évaluer une fraction ordinaire en décimales, il peut arriver que l'on obtienne une fraction limitée ou une fraction composée d'un nombre illimité de chiffres se reproduisant périodiquement. Dans ce dernier cas, la valeur de la fraction ordinaire ne peut être obtenue en décimales qu'avec une certaine approximation. Elle est *la limite* (*) vers laquelle tend le quotient de la divi-

---

(*) Lorsque les valeurs successives d'une quantité variable s'approchent indéfiniment d'un nombre déterminé, ce nombre est ce qu'on nomme *la limite* de la variable.

sion, lorsque l'on détermine dans ce quotient un nombre de chiffres de plus en plus grand.

**138. La fraction est périodique simple.** — Soit proposé de trouver la fraction ordinaire qui donne naissance à la fraction périodique simple 0,517517517...

Nommons $f$ la valeur d'un nombre limité de périodes, trois par exemple, nous aurons

$$f = 0,517517517. \tag{1}$$

Multipliant par 1000 pour transporter la virgule après la première période, il vient :

$$1000\,f = 517,517517. \tag{2}$$

Retranchant (1) de (2), il vient :

$$999\,f = 517 - 0,000000517,$$

d'où

$$f = \frac{517}{999} - \frac{0,000000517}{999}\,.$$

La valeur des trois premières périodes est donc $\dfrac{517}{999}$ moins la 999e partie de la troisième période, et généralement la valeur des $n$ premières périodes est $\dfrac{517}{999}$ moins la 999e partie de la $n^{\text{ième}}$ période. Or lorsque $n$ devient de plus en plus grand, la partie à soustraire prend des valeurs de plus en plus petites et s'approche indéfiniment de zéro, donc la quantité $f$ a pour limite $\dfrac{517}{999}$. Nommant $fg$ cette limite, on a donc :

$$fg = \frac{517}{999}\,.$$

*La génératrice d'une fraction décimale périodique simple a par suite pour numérateur la période et pour dénominateur un nombre formé d'autant de chiffres 9 qu'il y a de chiffres dans la période.*

**Cas particulier.** — Considérons le cas où la fraction décimale périodique simple est accompagnée d'une partie entière. Soit le nombre 32,517517517....

Nous savons que la partie décimale a pour limite $\dfrac{517}{999}$, donc :

$$32,517517517... = 32 + \frac{517}{999} \cdot$$

Or

$$32 + \frac{517}{999} = \frac{32 \times 999 + 517}{999} = \frac{32(1000-1)+517}{999} = \frac{32517-32}{999}.$$

Le résultat est donc une fraction ayant pour numérateur le nombre formé par la partie entière suivie d'une période, diminué de la partie entière et pour dénominateur un nombre formé d'autant de chiffres 9 qu'il y a de chiffres dans la période.

REMARQUE. — Le dénominateur de la génératrice d'une fraction décimale périodique simple ne renferme ni le facteur 2 ni le facteur 5.

Donc, si l'on réduit la génératrice à sa plus simple expression, elle ne renfermera, à plus forte raison, à son dénominateur, ni le facteur 2 ni le facteur 5.

Ainsi *toute fraction irréductible génératrice d'une fraction décimale périodique simple ne renferme à son dénominateur ni le facteur 2 ni le facteur 5.*

**139. La fraction est périodique mixte.** — Cherchons actuellement la fraction ordinaire génératrice d'une fraction décimale périodique mixte.

Soit la fraction 0,58314314314.... Si l'on nomme *fg* la limite de cette fraction, on aura en multipliant par 100 :

$$100 \, fg = 58,314314314....$$

et d'après le cas particulier qui précède,

$$100 \, fg = \frac{58314 - 58}{999},$$

d'où

$$fg = \frac{58314 - 58}{99900} \cdot$$

On peut encore arriver à ce résultat de la manière suivante :

Soit $f$ la valeur d'un nombre limité de périodes, des trois premières par exemple, on a :

$$f = 0,58314314314.$$

Multipliant par 100000 puis par 100 pour amener la virgule après puis avant la première période, il vient successivement :

$$100000 \, f = 58314,314314,$$
$$100 \, f = 58,314314314.$$

Retranchant membre à membre, on a :

$$99900 \, f = 58314 - 58 - 0,000000314 ;$$

d'où

$$f = \frac{58314 - 58}{99900} - \frac{0,000000314}{99900} .$$

De même pour la valeur de $n$ $1^{\text{res}}$ périodes, on aurait :

$$\frac{58314 - 58}{99900} - \frac{\text{la } n^{\text{ième}} \text{ période}}{99900} .$$

Or lorsque $n$ devient de plus en plus grand, la partie à soustraire tend indéfiniment vers zéro. On a donc en appelant $fg$ la limite de $f$.

$$fg = \frac{58314 - 58}{99900} .$$

*La génératrice d'une fraction décimale périodique mixte a par suite pour numérateur la différence entre le nombre formé par la partie non périodique suivie d'une période, et la partie non périodique. Elle a pour dénominateur un nombre formé d'autant de 9 qu'il y a de chiffres dans la période suivis d'autant de zéros qu'il y a de chiffres non périodiques.*

**Cas particulier.** — Supposons maintenant la fraction périodique mixte accompagnée d'une partie entière et soit le nombre 7,58314314314...

On aura

$$7,58314314.... = 7 + \frac{58314 - 58}{99900} = \frac{7 \times 99900 + 58314 - 58}{99900} .$$

Ce qui peut s'écrire :

$$\frac{7(100000 - 100) + 58314 - 58}{99900}.$$

ou enfin

$$\frac{758314 - 758}{99900}.$$

on obtient donc pour résultat une fraction ayant pour numérateur le nombre formé par la partie entière suivie de la partie non périodique et d'une période diminuée du nombre formé par la partie entière, suivie de la partie non périodique et pour dénominateur un nombre formé d'autant de 9 qu'il y a de chiffres dans la période suivis d'autant de zéros qu'il y a de chiffres non périodiques.

Remarque. — Le numérateur de la génératrice d'une fraction décimale périodique mixte ne saurait être terminé par un zéro, car s'il en était autrement, le dernier chiffre de la partie non périodique serait le même que le dernier chiffre de la période et celle-ci commencerait un chiffre plus tôt. Ce numérateur ne renferme donc pas simultanément les facteurs 2 et 5. Or le dénominateur les contient tous deux autant de fois qu'il y a de chiffres non périodiques : donc si l'on réduit la génératrice à sa plus simple expression, elle conservera encore à son dénominateur au moins l'un des facteurs 2 ou 5 avec un exposant égal au nombre des chiffres non périodiques.

*Ainsi toute fraction irréductible génératrice d'une fraction décimale périodique mixte contient à son dénominateur au moins l'un des facteurs 2 ou 5 avec un exposant égal au nombre des chiffres non périodiques.*

**140. Théorème.** — *Toute fraction ordinaire irréductible dont le dénominateur ne renferme ni le facteur 2, ni le facteur 5, donne naissance à une fraction décimale périodique simple.*

En effet, une telle fraction ne saurait d'abord être exprimée exactement en décimales. En vertu du théorème (136), elle doit donc donner naissance à une fraction périodique. De plus cette fraction périodique ne saurait être mixte d'après la remarque du n° 139. Elle sera donc périodique simple.

**141. Théorème.** — *Toute fraction ordinaire irréductible*

*dont le dénominateur renferme au moins l'un des facteurs 2
ou 5 et en outre des facteurs étrangers à 2 et 5 donne naissance à une fraction décimale périodique mixte.*

En effet, une telle fraction ne peut être exprimée exactement
en décimales, vu la présence au dénominateur de facteurs
étrangers à 2 et 5 ; elle ne peut en outre donner naissance à
une fraction décimale périodique simple d'après la remarque
du n° 138, donc elle donnera naissance à une fraction décimale périodique mixte.

Nous ferons remarquer en outre que le nombre des chiffres
non périodiques de cette fraction décimale sera égal au plus
fort des exposants des facteurs 2 et 5 s'ils existent tous deux
dans le dénominateur de la fraction ordinaire, ou à l'exposant
de celui de ces facteurs qui y existerait seul, ce qui résulte de
la remarque du n° 139.

# CHAPITRE IV

## DES RACINES CARRÉE ET CUBIQUE.

### RACINE CARRÉE.

**142. Définition.** — On nomme racine carrée d'un nombre la quantité qu'il faut multiplier par elle-même pour reproduire ce nombre. Ainsi 7 est la racine carrée de 49.

On indique une racine carrée au moyen du signe $\sqrt{\phantom{x}}$ qui se nomme *radical* et sous lequel on place le nombre dont on veut la racine. Ainsi $\sqrt{49}$ représente la racine carrée de 49.

Tout nombre qui est le carré d'un nombre entier ou fractionnaire est dit *carré parfait*.

Les carrés des neuf premiers nombres sont :

$$1. \quad 4. \quad 9. \quad 16. \quad 25. \quad 36. \quad 49. \quad 64. \quad 81.$$

On remarquera qu'aucun d'eux n'est terminé par un des chiffres 2, 3, 7, 8, 0.

**143. Théorème.** — *Le carré de la somme de deux nombres est la somme de trois quantités : 1° le carré du premier nombre ; 2° le double produit du premier nombre par le second ; 3° le carré du second.*

Soit par exemple à élever au carré la somme 12 + 7, on a

$$(12 + 7)^2 = (12 + 7) \times (12 + 7) = 12^2 + 2(12 \times 7) + 7^2,$$

ce qui démontre le théorème énoncé.

COROLLAIRE I. — Tout nombre plus grand que 10 pouvant être considéré comme la somme de deux parties, dizaines et unités, son carré se compose du carré des dizaines, plus le double produit des dizaines par les unités, plus le carré des unités.

COROLLAIRE II. — La différence entre les carrés de deux nombres entiers consécutifs est égale au double du plus petit nombre augmenté de un. — En effet le carré de 13 ou 12 + 1 vaut $12^2 + 2 \times 12 + 1$. Il surpasse donc le carré de 12 de deux fois 12, plus 1.

**144. Remarques.** — Dans le carré d'un nombre entier plus grand que 10, la première partie, c'est-à-dire le carré des dizaines, ne renferme pas d'unités inférieures aux centaines, et la seconde partie, c'est-à-dire le double produit des dizaines par les unités, ne renferme pas d'unités inférieures aux dizaines. Le carré d'un nombre entier est donc terminé par le même chiffre que le carré de ses unités. Il résulte de là qu'un tel carré ne peut être terminé par l'un des chiffres 2, 3, 7, 8.

De même le carré d'un nombre entier ne peut être terminé par un nombre impair de zéros, car le produit par lui-même d'un nombre terminé par des zéros contient deux fois autant de zéros que le nombre en renferme (27), c'est-à-dire un nombre pair de zéros.

**145. Théorème.** — *Pour qu'un nombre entier soit carré parfait il faut et il suffit que tous les facteurs premiers qu'il renferme soient affectés d'exposants pairs.*

1° *La condition est nécessaire.* En effet, soit A un nombre entier carré parfait ; il est alors le produit d'un certain nombre entier $a$ par lui-même. Supposons $a$ décomposé en ses facteurs premiers et soit

$$a = 2^\alpha \times 3^\beta \times 5^\gamma.$$

Le carré de $a$, c'est-à-dire le nombre A vaudra alors

$$\left(2^\alpha \times 3^\beta \times 5^\gamma\right)^2$$

c'est-à-dire :

$$2^{2\alpha} \times 3^{2\beta} \times 5^{2\gamma}.$$

Donc tous les facteurs du nombre A seront affectés d'exposants pairs.

2° *La condition est suffisante.* En effet, soit un nombre A tel que l'on ait :

$$A = 2^{2\alpha} \times 3^{2\beta} \times 5^{2\gamma}.$$

On pourra former un nombre $c$ égal à

$$2^\alpha \times 3^\beta \times 5^\gamma$$

c'est-à-dire renfermant les mêmes facteurs premiers que A, ces facteurs étant affectés d'exposants moitié moindres. Or si l'on multiplie ce nombre $a$ par lui-même, on reproduira le nombre A ; donc ce nombre A est carré parfait.

COROLLAIRE. — Il résulte de là qu'un nombre divisible par un nombre premier sans l'être par le carré de ce nombre ne saurait être carré parfait. Ainsi un nombre divisible par 2 sans l'être par 4, ou divisible par 3 sans l'être par 9, n'est pas carré parfait.

**146. Remarque.** — *Tout nombre entier carré parfait et ayant 5 pour chiffre de ses unités a 2 pour chiffre des dizaines,*

En effet un carré terminé par un 5 ne peut être que le carré d'un nombre terminé lui-même par 5. En appelant $a$ les dizaines d'un tel nombre, on peut le mettre sous la forme $10a + 5$. Or :

$$(10a + 5)^2 = 100a^2 + 2(10a \times 5) + 25.$$

Les deux premières parties ne renfermant pas d'unités inférieures aux centaines, les dizaines et unités du carré sont données par la troisième partie. Le chiffre des dizaines est donc bien égal à 2, ce qu'il fallait démontrer.

**147. Théorème.** — *Pour qu'une fraction irréductible soit carré parfait, il faut et il suffit que ses deux termes soient carrés parfaits.*

1° *La condition est nécessaire.* En effet soit la fraction irréductible $\dfrac{a}{b}$ que l'on suppose être le carré d'une fraction $\dfrac{\alpha}{\beta}$. Comme on élève une fraction au carré en la multipliant par elle-même et par suite en élevant ses deux termes au carré, on aura :

$$\frac{a}{b} = \frac{\alpha^2}{\beta^2}.$$

Mais $\dfrac{\alpha}{\beta}$ peut toujours être supposée irréductible, $\dfrac{\alpha^2}{\beta^2}$ sera donc aussi irréductible (115. Remarque III), et l'on aura $a = \alpha^2$;

$b = \beta^2$, puisque deux fractions irréductibles égales ont leurs termes identiques (104).

2° *La condition est suffisante.* En effet si les termes d'une fraction irréductible sont des carrés parfaits, la fraction est le carré d'une fraction ayant pour termes les racines carrées des deux termes de la première.

**148. Théorème.** — *Pour qu'une fraction quelconque soit carré parfait, il faut et il suffit que le produit de ses deux termes soit carré parfait.*

1° *La condition est nécessaire.* En effet soit la fraction $\dfrac{a}{b}$ et supposons qu'elle soit le carré d'une certaine fraction $\dfrac{\alpha}{\beta}$, nous aurons

$$\frac{a}{b} = \frac{\alpha^2}{\beta^2} \cdot$$

Mais $\dfrac{ab}{b^2} = \dfrac{a}{b}$, donc $\dfrac{ab}{b^2} = \dfrac{\alpha^2}{\beta^2}$, d'où

$$ab = \frac{\alpha^2 b^2}{\beta^2} = \left( \frac{\alpha b}{\beta} \right)^2 :$$

donc $ab$ est carré parfait.

2° *La condition est suffisante.* En effet soit la fraction $\dfrac{a}{b}$ et supposons que l'on ait $a \times b = c^2$. Comme $\dfrac{a}{b} = \dfrac{ab}{b^2}$, on voit que

$$\frac{a}{b} = \frac{c^2}{b^2} \cdot$$

Donc la fraction proposée est carré parfait.

**149. Racines incommensurables.** — D'après ce qui précède, une fraction irréductible dont les deux termes ne sont pas carrés parfaits ne saurait être carré parfait, non plus qu'une fraction quelconque dont le produit des deux termes n'est pas carré parfait. De même, un nombre entier qui n'est pas le carré d'un nombre entier n'est pas carré parfait : un tel nombre ne saurait être en effet le carré d'une fraction, car une fraction peut toujours être rendue irréductible et l'on a vu que le carré d'une fraction irréductible est lui-même une fraction irréductible (115, remarque III).

La racine carrée d'un nombre qui n'est pas carré parfait est une quantité *incommensurable* ou *irrationnelle*. On nomme ainsi en général une grandeur qui n'a pas de commune mesure avec l'unité et qui par suite ne peut être exprimée exactement par un nombre entier ou fractionnaire. Une telle grandeur peut d'ailleurs être évaluée en nombre avec une approximation aussi grande que l'on veut.

En supposant que l'on cherche, comme il sera indiqué ci-après, le plus grand nombre d'unités, de dixièmes, centièmes, etc., dont le carré est contenu dans un nombre A non carré parfait, et que l'on prenne les nombres d'unités, dixièmes, centièmes, etc., immédiatement supérieurs aux nombres trouvés, on obtient ainsi deux séries de nombres, la première formée de nombres dont les carrés sont inférieurs au nombre A, mais vont en s'en approchant, la seconde formée de nombres dont les carrés sont supérieurs au nombre A, mais vont aussi en s'en approchant. Ces deux séries de nombres, composées d'ailleurs de quantités qui vont en se rapprochant l'une de l'autre, tendent vers une certaine limite commune. C'est cette limite que l'on nomme la racine carrée du nombre A.

**150. Définition**. — Extraire la racine carrée d'un nombre à moins d'une unité, c'est chercher la racine du plus grand carré entier contenu dans ce nombre : en d'autres termes, c'est chercher le plus grand nombre entier dont le carré est contenu dans le nombre proposé. La marche que l'on suit pour résoudre cette question conduit à trouver la valeur exacte de la racine lorsque le nombre sur lequel on opère est carré parfait.

**151. Extraction de la racine carrée d'un nombre entier à moins d'une unité.**

1° *Le nombre est inférieur à* 100.

Il suffit alors de consulter le tableau des carrés des 9 premiers nombres.

Soit par exemple à extraire la racine carrée de 49. Le tableau des carrés des 9 premiers nombres donne immédiatement 7 pour cette racine.

Soit encore à extraire la racine carrée de 52. Le nombre 52 n'est pas carré parfait ; il est compris entre 49 et 64 dont les racines sont respectivement 7 et 8. 7 est donc à moins d'une unité par défaut la racine carrée de 52. La racine à moins d'une unité par excès serait 8.

2° *Le nombre est supérieur à* 100.

Soit par exemple à extraire la racine carrée du nombre 223416.

Ce nombre étant plus grand que 100, la racine carrée du plus grand carré entier qu'il contient est au moins égale à 10. Le carré de cette racine se compose donc du carré de ses dizaines, plus le double produit de ses dizaines par ses unités, plus le carré de ses unités. Or le carré des dizaines ne renferme pas d'unités inférieures aux centaines, il doit donc être contenu dans les 2234 centaines du nombre proposé. On va prouver que la racine du plus grand carré entier contenu dans 2234 est précisément le nombre des dizaines de la racine cherchée.

En effet, soit $\alpha$ la racine du plus grand carré entier contenu dans 2234, on aura :

$$\alpha^2 \leqslant 2234 < (\alpha + 1)^2$$

d'où

$$\alpha^2 \times 10^2 \leqslant 223400 < (\alpha + 1)^2 \times 10^2.$$

Or 2234 est inférieur à $(\alpha + 1)^2$ d'au moins une unité, donc 223400 est inférieur à $(\alpha + 1)^2 \times 10^2$ d'au moins une centaine, on aura donc encore en ajoutant au nombre 223400, les 16 unités du nombre proposé 223416 :

$$\alpha^2 \times 10^2 < 223416 < (\alpha + 1)^2 \times 10^2.$$

De là résulte que la racine du nombre proposé est comprise entre $\alpha$ et $\alpha + 1$ dizaines, elle contient donc bien $\alpha$ dizaines.

On est ainsi amené à extraire la racine du plus grand carré entier contenu dans 2234. Ce nombre étant plus grand que 100, les raisonnements qui précèdent lui sont applicables et conduisent, pour avoir les dizaines de sa racine, à extraire la racine du plus grand carré entier contenu dans 22. Ce carré est 16 dont la racine est 4 : la racine du plus grand carré entier contenu dans 2234 renferme donc 4 dizaines. Retranchant le carré de 4 dizaines de 2234, il reste 634, nombre qui contient encore le double produit des 4 dizaines par les unités de la racine que l'on cherche actuellement et le carré de ces unités. Le double produit des dizaines par les unités ne renferme pas d'unités inférieures aux dizaines : il est donc contenu dans les 63 dizaines de 634. En divisant 63 par le double de 4, c'est-à-dire par 8, le quotient sera le chiffre des unités ou peut-être un chiffre trop fort attendu que 63 peut contenir des dizaines provenant comme retenue du carré des unités et du reste s'il y en a un. On devra donc essayer ce quotient. En divisant 63 par 8 on obtient 7 : pour essayer 7 on pourrait faire le carré de 47 et voir s'il peut se retrancher de 2234 ; mais il est plus simple d'écrire 7 à la droite du double des dizaines et de multiplier le nombre 87 ainsi formé par 7. Le produit est, comme il est facile de le voir, la somme du double produit des dizaines par les unités et du carré des unités, celles-ci étant présumées être au nombre de 7 ; donc si ce produit peut être retranché de 634, 7 ne sera pas trop fort. Si le contraire arrive, il faudra recommencer l'essai en prenant 6 pour chiffre des unités.

Le produit de 87 par 7 est 609, donc 7 n'est pas trop fort et 47 est la racine du plus grand carré entier contenu dans 2234. Ce nombre 47 représente ainsi le nombre des dizaines de la racine de tout le nombre proposé.

Si l'on retranche 609 de 634 et qu'on écrive à la droite du reste les deux derniers chiffres du nombre proposé on obtient le nombre 2516 qui est l'excès du nombre proposé sur le carré de 47 dizaines. Ce nombre 2516 contient donc encore le double produit des 47 dizaines par les unités de la racine cherchée, et le carré de ces unités. Raisonnant et opérant comme on l'a fait pour la détermination du chiffre 7, on trouve 2 pour le chiffre des unités. La racine du plus grand carré entier contenu dans 223416 est donc 472 et il reste 632. En d'autres termes 472 est la racine de 223416 à moins d'une unité par défaut.

On dispose le calcul comme il suit :

| 223416 | | 472 | |
|---|---|---|---|
| 16 | | 87 | 942 |
| 634 | | 7 | 2 |
| 609 | | 609 | 1884 |
| 2516 | | | |
| 1384 | | | |
| 632 | | | |

**152. Règle.** — De ce qui précède on déduit la règle suivante :

*Pour extraire à moins d'une unité la racine carrée d'un*

*nombre entier, on le partage en tranches de deux chiffres à partir de la droite, la dernière tranche à gauche pouvant ne contenir qu'un chiffre. On extrait ensuite la racine du plus grand carré entier contenu dans le nombre formé par la première tranche à gauche : on a ainsi le chiffre des plus hautes unités de la racine demandée.*

*On retranche le carré de ce chiffre de la première tranche à gauche et l'on abaisse la deuxième tranche à la droite du reste ; on sépare le dernier chiffre à droite du nombre ainsi formé et l'on divise la partie à gauche par le double du chiffre trouvé à la racine : le quotient est le deuxième chiffre de la racine ou un chiffre trop fort. Pour l'essayer on l'écrit à la droite du double du premier chiffre de la racine et l'on multiplie le nombre ainsi formé par le chiffre que l'on essaie. Si le produit peut se retrancher du nombre formé par le premier reste suivi de la deuxième tranche, le chiffre essayé est exact. Dans le cas contraire on recommence l'essai sur un chiffre inférieur d'une unité et ainsi de suite jusqu'à ce qu'on arrive à une soustraction possible : alors le chiffre correspondant est exact.*

*A la droite du deuxième reste, on abaisse la troisième tranche ; on sépare le dernier chiffre à droite du nombre ainsi formé et l'on divise la partie à gauche par le double du nombre formé par les deux premiers chiffres de la racine. On essaie comme plus haut le quotient qui représente le troisième chiffre de la racine ou un chiffre trop fort, et l'on continue ainsi jusqu'à ce qu'on ait abaissé toutes les tranches dont le nombre est égal à celui des chiffres de la racine.*

*Si le dernier reste est nul, on a la racine exacte du nombre proposé ; dans le cas contraire on a la racine à moins d'une unité.*

REMARQUE I. — Lorsque l'un des quotients qui donnent les chiffres de la racine à partir du second est supérieur à 9, on essaie le chiffre 9. — Lorsque l'un de ces quotients est zéro, le chiffre correspondant de la racine est 0 et l'on continue l'opération après avoir abaissé la tranche suivante.

REMARQUE II. — La crainte d'essayer un chiffre que l'on juge à priori trop fort pourrait en faire essayer un trop faible : on en sera averti lorsqu'ayant fait la soustraction, le reste sera supérieur au double du nombre trouvé jusque-là à la racine y compris le chiffre que l'on essaie. — On a vu en effet que la différence des carrés de deux nombres entiers consécutifs est égale à deux fois le plus petit nombre plus un. Si donc ayant trouvé par exemple 47 pour racine, on obtenait un reste égal ou supérieur à $2 \times 47 + 1$, le nombre sur lequel on a opéré serait égal ou supérieur à $48^2$ et par suite sa racine vaudrait au moins 48.

REMARQUE III. — La règle précédente fait connaître la valeur de la racine carrée d'un nombre entier à moins de 1/2 unité.

Soit $a$ la racine du plus grand carré entier contenu dans un nombre N et $r$ le reste de l'opération, on a :

$$N = a^2 + r.$$

D'autre part on a :

$$\left(a + \frac{1}{2}\right)^2 = a^2 + a + \frac{1}{4}.$$

Or deux cas peuvent se présenter.

1° Le reste $r$ est inférieur ou égal à $a$. Alors on a :

$N < \left(a + \frac{1}{2}\right)^2$ d'où

$$\sqrt{N} < a + \frac{1}{2};$$

$a$ représente donc alors à moins d'une demi-unité près par défaut la valeur de $\sqrt{N}$.

2° Le reste $r$ est supérieur à $a$. Alors on a $N > \left(a + \frac{1}{2}\right)$ d'où

$$\sqrt{N} > a + \frac{1}{2},$$

comme d'autre part $\sqrt{N}$ est moindre que $a + 1$, ce dernier nombre représente à moins d'une demi-unité par excès la valeur de $\sqrt{N}$.

Donc lorsqu'en extrayant la racine carrée d'un nombre entier à moins d'une unité, le reste est égal ou inférieur au résultat obtenu, ce dernier représente la racine du nombre à moins d'une demi-unité par défaut. Si au contraire le reste est supérieur au résultat trouvé, ce résultat augmenté d'une unité, donne à une demi-unité près par excès la valeur de la racine du nombre proposé.

Remarque IV. — On peut faire la preuve par 9 de l'extraction de la racine carrée d'un nombre entier. Pour cela, on cherche le reste de la division par 9 de la racine trouvée, on élève ce reste au carré et on lui ajoute le reste de la division par 9 du reste de l'opération. La somme divisée par 9 doit donner un reste égal à celui du nombre dont on a extrait la racine divisé lui-même par 9.

**153. Extraction de la racine carrée d'un nombre fractionnaire à moins d'une unité.** — Pour obtenir à moins d'une unité la racine carrée d'un nombre fractionnaire, il suffit d'extraire à moins d'une unité la racine des entiers contenus dans ce nombre.

Soit à extraire à moins d'une unité la racine carrée de $\dfrac{319}{7}$.

On a

$$\frac{319}{7} = 45 + \frac{4}{7}.$$

La racine du plus grand carré entier contenu dans 45 étant 6, ce nombre 6 est la racine demandée par défaut. On a en effet :

$$6^2 < 45 < 7^2$$

et comme 45 est inférieur à $7^2$ d'au moins une unité, on a aussi :

$$6^2 < 45 + \frac{4}{7} < 7^2$$

dont 6 est bien à moins d'une unité la racine carrée du nombre proposé.

De même la racine carrée de 72,532 à moins d'une unité est 8 par défaut.

**154. Extraction de la racine carrée d'un nombre entier ou fractionnaire avec une approximation donnée**

1° Soit proposé d'extraire la racine carrée d'un nombre A à moins de $\dfrac{1}{n}$.

On entend par là, chercher le plus grand multiple de $\dfrac{1}{n}$ dont le carré est contenu dans le nombre A. En nommant $\dfrac{x}{n}$ le nombre cherché, on doit donc avoir

$$\left(\frac{x}{n}\right)^2 < A < \left(\frac{x+1}{n}\right)^2$$

ou

$$\frac{x^2}{n^2} < A < \frac{(x+1)^2}{n^2}.$$

Multipliant par $n^2$, il vient :

$$x^2 < A \times n^2 < (x+1)^2.$$

Le produit de A par le carré de $n$ est donc compris entre $x^2$ et $(x+1)^2$ ; par suite on obtiendra $x$ en cherchant à moins d'une unité la racine carrée du produit $A \times n^2$. Donc *pour extraire à moins de* $\dfrac{1}{n}$ *la racine carrée d'un nombre, on multiplie le nombre par le carré du dénominateur* n, *puis on extrait à moins d'une unité la racine carrée du produit et l'on divise par* n *le résultat obtenu.*

EXEMPLE I. — Extraire la racine carrée de 12 à moins de $\dfrac{1}{7}$.

Le produit de 12 par $7^2$ est 588, dont la racine est à moins d'une unité 24 par défaut et 25 par excès. La racine demandée est donc $\dfrac{24}{7}$ par défaut ou $\dfrac{25}{7}$ par excès.

EXEMPLE II. — Extraire la racine carrée de $\dfrac{3}{7}$ à moins de $0,01\left(\dfrac{1}{100}\right)$.

Le produit de $\dfrac{3}{7}$ par $100^2$ est $\dfrac{30000}{7}$ ou $4285 + \dfrac{5}{7}$ dont la racine à moins d'une unité est 65 par défaut et 66 par excès. La racine demandée est donc 0,65 par défaut ou 0,66 par excès.

2° Soit proposé maintenant d'extraire la racine carrée d'un nombre A à moins de $\dfrac{m}{n}$. C'est encore chercher le plus grand multiple de $\dfrac{m}{n}$ dont le carré est contenu dans A. En nom-

mant $x$ le multiplicateur cherché de $\dfrac{m}{n}$ , on doit donc avoir

$$\left(\frac{m}{n} \times x\right)^2 < A < \left[\frac{m}{n} \times (x + 1)\right]^2$$

ou

$$\frac{m^2}{n^2} \times x^2 < A < \frac{m^2}{n^2} \times (x + 1)^2.$$

Multipliant par $\dfrac{n^2}{m^2}$, il vient :

$$x^2 < A \times \frac{n^2}{m^2} < (x + 1)^2.$$

On voit ainsi qu'il faut pour trouver $x$ extraire à moins d'une
unité la racine du produit $A \times \dfrac{n^2}{m^2}$ .

Donc *pour extraire à moins de* $\dfrac{m}{n}$ *la racine carrée d'un
nombre, on multiplie le nombre par le carré de la fraction
d'approximation renversée, puis on extrait à moins d'une
unité la racine carrée du produit et l'on multiplie le résultat
par* $\dfrac{m}{n}$ .

EXEMPLE. — Extraire la racine carrée de 13 à moins de $\dfrac{2}{7}$.

$$13 \times \left(\frac{7}{2}\right)^2 = \frac{637}{4} = 159 + \frac{1}{4} \cdot$$

La racine de $159 + \dfrac{1}{4}$ est à moins d'une unité 12 par défaut

et 13 par excès. Donc la racine demandée est par défaut $12 \times \dfrac{2}{7}$

ou $\dfrac{24}{7}$ et par excès $13 \times \dfrac{2}{7}$ ou $\dfrac{26}{7}$ .

REMARQUE. — Si l'on demandait la racine d'un nombre A à
moins de $m$ unités, on ramènerait immédiatement ce cas au
précédent en faisant dans la fraction $\dfrac{m}{n}$, $n = 1$.

En général, *l'approximation donnée étant désignée par* K (K représentant un nombre quelconque, entier ou fractionnaire), *on doit multiplier le nombre proposé par* $\frac{1}{K^2}$ *et extraire à moins d'une unité la racine du produit obtenu. On multiplie ensuite par* K *le résultat trouvé.*

**155. Remarques relatives à l'extraction de la racine carrée des fractions ordinaires.** — Lorsque l'on a à extraire la racine carrée d'une fraction ordinaire, trois cas peuvent se présenter : les deux termes sont carrés parfaits, le dénominateur seul est carré parfait, le dénominateur n'est pas carré parfait.

Dans le premier cas la fraction est carré parfait ; on obtient sa racine en extrayant séparément la racine du numérateur et celle du dénominateur et en divisant le premier résultat par le second.

Dans le second cas, si l'on extrait à moins d'une unité la racine du numérateur et qu'on la divise par celle du dénominateur, on a la racine de la fraction à moins de $\frac{1}{d}$, $d$ étant la racine du dénominateur. Ceci résulte immédiatement de la règle du n° 154.

Enfin dans le cas où le dénominateur n'est pas carré parfait, on peut, lorsque l'approximation avec laquelle on veut le résultat n'est pas fixée d'avance, transformer la fraction en une autre équivalente dont le dénominateur soit carré parfait. Pour cela, on multiplie ses deux termes par son dénominateur. Si après cette transformation le numérateur est carré parfait, on est ramené au premier cas ; autrement on est ramené au second.

Il n'est pas toujours nécessaire de multiplier les deux termes de la fraction donnée par son dénominateur pour la transformer en une fraction équivalente ayant un dénominateur carré parfait. Il suffit de prendre pour multiplicateur le produit des premières puissances des facteurs premiers qui entrent au dénominateur avec des puissances impaires.

EXEMPLE. — Extraire la racine carrée de $\frac{13}{360}$.

$360 = 2^3 \times 3^2 \times 5$. Multipliant les deux termes de la fraction par $2 \times 5$, elle devient

$$\frac{130}{2^4 \times 3^2 \times 5^2} \; .$$

La racine de 130 est 11 à moins d'une unité. Celle de $2^4 \times 3^2 \times 5^2$ est $2^2 \times 3 \times 5$ ou 60. Donc la racine de la fraction est $\frac{11}{60}$ à moins de $\frac{1}{60}$ par défaut.

**156. Remarques relatives à l'extraction de la racine carrée des nombres décimaux.** — Les remarques qui précèdent sont applicables aux nombres décimaux puisque ceux-ci peuvent être écrits sous forme de fractions ordinaires. Elles conduisent aux règles suivantes :

Pour extraire la racine carrée d'un nombre décimal, on opère comme s'il était entier, après avoir eu soin d'écrire un zéro à sa droite si le nombre de ses chiffres décimaux est impair. On sépare à la racine obtenue autant de décimales qu'il y a de tranches de chiffres décimaux dans le nombre, c'est-à-dire la moitié du nombre de ceux-ci. Si le reste est nul, la racine est exacte ; dans le cas contraire cette racine est obtenue à moins d'une unité de l'ordre de son dernier chiffre à droite.

Exemple. — Extraire la racine carrée du nombre 0,287.

$$0,287 = \frac{287}{1000} = \frac{2870}{100^2} \; .$$

La racine carrée de 2870 est 53 à moins d'une unité, donc la racine demandée est $\frac{53}{100}$ ou 0,53 à moins de 0,01 par défaut.

Pour avoir la racine carrée d'un nombre décimal à moins d'une unité d'un certain ordre décimal, on prend dans le nombre deux fois autant de chiffres décimaux que la racine doit en contenir. (S'il n'y a pas assez de décimales pour cela, on y supplée au moyen de zéros). On opère ensuite comme si le nombre était entier et l'on sépare à la racine le nombre de décimales voulu.

Exemple. — Extraire la racine carrée du nombre 0,287 à moins de 0,001, $\left( \frac{1}{1000} \right)$.

$$0,287 \times 1000^2 = 287000.$$

La racine carrée de 287000 est 535 à moins d'une unité, donc la racine demandée est $\dfrac{535}{1000}$ ou 0,535 à moins de 0,001 par défaut.

Remarque I.—Un nombre décimal qui renferme un nombre impair de chiffres décimaux (le dernier n'étant pas zéro) ne saurait être carré parfait.

Remarque II. — Lorsqu'on extrait la racine carrée d'un nombre non carré parfait et que l'on cherche les dixièmes, centièmes, millièmes... renfermés dans la racine, on ne peut trouver pour résultat une fraction périodique. En effet, s'il en était autrement, le nombre proposé serait le carré de la génératrice de cette fraction, c'est-à-dire serait carré parfait, ce qui est contre l'hypothèse.

## RACINE CUBIQUE.

**157. Définition.** — On nomme *racine cubique* d'un nombre la quantité qui multipliée deux fois par elle-même reproduit ce nombre. Ainsi 7 est la racine cubique de 343.

On indique une racine cubique au moyen d'un radical dans l'ouverture duquel on écrit le chiffre 3. Ainsi $\sqrt[3]{343}$ représente la racine cubique de 343.

Les cubes des 9 premiers nombres sont :

$$1. \quad 8. \quad 27. \quad 64. \quad 125. \quad 216. \quad 343. \quad 512. \quad 729.$$

Tout nombre qui est le cube d'un nombre entier ou fractionnaire est dit *cube parfait.*

**158. Théorème.** — *Le cube de la somme de deux nombres est la somme de quatre parties :* 1° *le cube du premier nombre;* 2° *le triple produit du carré du premier nombre par le second;* 3° *le triple produit du premier nombre par le carré du second;* 4° *le cube du second.*

Soit en effet à élever au cube la somme $12 + 7$. En la multipliant par elle-même, puis le produit obtenu par $12 + 7$, on trouve :

$$(12 + 7)^3 = 12^3 + 3 \times 12^2 \times 7 + 3 \times 12 \times 7^2 + 7^3.$$

COROLLAIRE I. — Tout nombre plus grand que 10 pouvant être considéré comme la somme de deux parties, dizaines et unités, son cube se compose : du cube des dizaines, plus trois fois le produit du carré des dizaines par les unités, plus trois fois les dizaines par le carré des unités, plus le cube des unités.

COROLLAIRE II. — La différence entre les cubes de deux nombres entiers consécutifs est égale à trois fois le carré du plus petit nombre, plus trois fois ce plus petit nombre, plus un. En effet le cube de 13 ou 12 + 1 par exemple vaut

$$12^3 + 3 \times 12^2 + 3 \times 12 + 1 \; ;$$

il surpasse donc le cube de 12 de

$$3 \times 12^2 + 3 \times 12 + 1.$$

**159. Remarques.** — Dans le cube d'un nombre entier la première partie, c'est-à-dire le cube des dizaines, ne contient pas d'unités inférieures aux mille, la deuxième partie ne renferme pas d'unités inférieures aux centaines, et la troisième partie, d'unités inférieures aux dizaines.

Le cube d'un nombre entier est donc terminé par le même chiffre que le cube de ses unités. Comme les cubes des 9 premiers nombres sont terminés par les chiffres 1, 2, 3, 4, 5, 6, 7, 8, 9, le cube d'un nombre entier peut être terminé par un chiffre significatif quelconque.

Le cube d'un nombre entier terminé par un ou plusieurs zéros en renferme trois fois autant que le nombre. Il est donc toujours terminé par un nombre de zéros multiple de 3.

**160. Théorème.** — *Pour qu'un nombre entier soit cube parfait, il faut et il suffit que les exposants de ses facteurs premiers soient multiples de 3.*

Ce théorème se démontre comme celui du n° 145.

COROLLAIRE. — Il résulte de là qu'un nombre divisible par un facteur premier sans l'être par le cube de ce facteur ne saurait être cube parfait.

**161. Théorème.** — *Pour qu'une fraction irréductible soit cube parfait, il faut et il suffit que ses deux termes soient cubes parfaits.*

Ce théorème se démontre comme celui du n° 147.

**162.** On démontre egalement par un raisonnement analogue à celui qui a été employé pour le théorème (148), le principe suivant :

*Pour qu'une fraction quelconque soit cube parfait, il faut et il suffit que le produit de l'un de ses termes par le carré de l'autre soit cube parfait.*

**163. Racines incommensurables.** — Tout ce qui est renfermé dans le n° 149 est applicable aux racines cubiques des nombres qui ne sont pas cubes parfaits.

**164. Définition.** — Extraire la racine cubique d'un nombre à moins d'une unité, c'est chercher le plus grand nombre entier dont le cube est contenu dans le nombre proposé. La marche que l'on suit pour résoudre cette question conduit à trouver la valeur exacte de la racine lorsque le nombre sur lequel on opère est cube parfait.

**165. Extraction de la racine cubique d'un nombre entier à moins d'une unité.**

1° *Le nombre est inférieur à 1000.*

Il suffit alors de consulter le tableau des cubes des 9 premiers nombres. Ainsi la racine cubique de 343 est 7. — Celle de 502 est 7 à moins d'une unité par défaut ou 8 à moins d'une unité par excès, attendu que 502 est compris entre 343 dont la racine est 7 et 512 dont la racine est 8.

2° *Le nombre est supérieur à 1000.*

Soit à extraire la racine cubique du nombre 143055892.

Ce nombre est plus grand que 1000, donc la racine du plus grand cube entier qu'il contient est au moins égale à 10. Ce plus grand cube se compose donc du cube des dizaines de sa racine, plus le triple produit du carré des dizaines par les unités, plus le triple produit des dizaines par le carré des unités, plus le cube des unités. La première de ces quatre parties ne contenant pas d'unités inférieures aux mille est contenue dans les 143055 mille du nombre proposé. On va prouver que la racine cubique du plus grand cube entier renfermé dans 143055 est le nombre des dizaines de la racine cherchée.

Soit en effet $\alpha$ la racine du plus grand cube entier contenu dans 143055, on a :

$$\alpha^3 \leqslant 143055 < (\alpha + 1)^3$$

d'où

$$\alpha^3 \times 10^7 \leqslant 143055000 < (\alpha + 1)^3 \times 10^3.$$

Or 143055 est inférieur à $(\alpha + 1)^3$ d'au moins 1, donc 143055000 est inférieur à $(\alpha + 1)^3 \times 10^3$ d'au moins 1000 : on aura donc encore :

$$\alpha^3 \times 10^3 < 143055892 < (\alpha + 1)^3 \times 10^3.$$

On voit par là que la racine cubique du nombre proposé est comprise entre $\alpha$ dizaines et $(\alpha + 1)$ dizaines ; elle contient donc bien $\alpha$ dizaines.

On est ainsi amené à extraire la racine cubique du plus grand cube entier contenu dans 143055. Comme ce nombre est supérieur à 1000, les raisonnements qui précèdent lui sont applicables et conduisent à extraire la racine du plus grand cube entier renfermé dans 143. Cette racine est 5 et ce nombre 5 exprime les dizaines de la racine de 143055. Retranchant le cube de 5 dizaines ou 125 mille de 143055, il reste 18055, et ce reste contient le triple produit du carré des 5 dizaines trouvées par les unités de la racine que l'on cherche actuellement, plus le triple produit des dizaines par le carré des unités, plus le cube des unités. La première de ces trois parties ne renfermant pas d'unités inférieures aux centaines est contenue dans les 180 centaines du reste. Divisant 180 par le triple carré de 5 ou 75, le quotient 2 est le chiffre des unités de la racine de 143055 ou un chiffre trop fort, parce que 180 peut renfermer des centaines provenant comme retenue des dernières parties et du reste s'il y en a un. Il faut donc essayer le chiffre 2. Pour cela, on peut faire le cube de 52 et voir s'il peut se retrancher de 143055. On peut encore former les trois parties que contient le reste 18055 et voir si leur somme peut être retranchée de ce nombre. La première de ces trois parties est $3 \times 2500 \times 2$ ; la seconde, $3 \times 50 \times 2^2$ ; la troisième, $2^3$. Faisant la somme on trouve 15608 nombre inférieur à 18055, donc le chiffre 2 est bon. Si l'essai avait indiqué ce chiffre comme trop fort, il eût fallu recommencer en essayant le chiffre inférieur et ainsi de suite.

Ayant retranché de 18055 le nombre 15608 et ayant écrit à la droite du reste les 892 unités du nombre proposé, on obtient 2447892 qui n'est autre que l'excès de tout le nombre proposé sur le cube de 52 dizaines, c'est-à-dire sur le cube des dizaines de sa racine. — Ce nombre 2447892 contient donc les trois parties qui réunies au cube de 52 dizaines donnent le plus grand cube entier contenu dans le nombre proposé: Raisonnant alors comme on l'a fait pour obtenir le chiffre 2, on est conduit à diviser 24478 par $3 \times 52^2$ ou 8112. Le quotient 3 s'essaie soit en faisant le cube de 523 et voyant s'il peut être retranché du nombre proposé; soit en formant les trois parties que contient 2447892. Ces trois parties sont: $3 \times 520^2 \times 3$; $3 \times 520 \times 3^2$; $3^3$. Leur somme 2447667 pouvant se retrancher de 2447892, le chiffre 3 est bon, et comme l'opération présente un reste, 523 est la racine cherchée à moins d'une unité.

On dispose le calcul comme il suit :

$$
\begin{array}{l|l}
143055892 & 523 \\
125 \\ \hline
18055 \\
15608 \\ \hline
2447892 \\
2447667 \\ \hline
225
\end{array}
$$

$$
\left. \begin{array}{r} 3 \times 2500 \times 2 \\ 3 \times\ \ 50 \times 2^2 \\ 2^3 \end{array} \right\} 15608 \qquad \left. \begin{array}{r} 3 \times 520^2 \times 3 \\ 3 \times 520\ \times 3^2 \\ 3^3 \end{array} \right\} 2447667
$$

**166. Règle.** — De ce qui précède on déduit la règle suivante :

*Pour extraire à moins d'une unité la racine cubique d'un nombre entier, on le partage en tranches de trois chiffres à partir de la droite, la dernière tranche à gauche pouvant ne contenir qu'un ou deux chiffres. On extrait ensuite la racine du plus grand cube entier contenu dans cette tranche; on a ainsi le premier chiffre de la racine cherchée. On retranche le cube de ce chiffre de la tranche qui l'a fourni ; à la droite du reste on abaisse la tranche suivante, on sépare les deux derniers chiffres à droite du nombre ainsi formé et l'on divise la partie séparée à gauche par trois fois le carré du premier chiffre de la racine. Le quotient est le second chiffre de la racine ou un chiffre trop fort. Pour l'essayer on fait le cube du nombre qu'il forme avec le premier chiffre et l'on voit si ce cube peut être retranché des deux premières tranches à gauche. — On peut encore faire : 1° le triple produit du carré du premier chiffre considéré comme exprimant des dizaines, par le*

*chiffre que l'on essaie; 2° le triple produit de ce premier chiffre
par le carré de celui que l'on essaie ; 3° le cube de ce dernier :
additionnant le tout, si la somme peut se retrancher du reste
qui a fourni le second chiffre, ce dernier est bon. Dans le cas
contraire il faut recommencer l'essai sur un chiffre inférieur
d'une unité et ainsi de suite jusqu'à ce qu'on trouve un chiffre
bon. Lorsque la soustraction a pu se faire, on abaisse à droite
du reste la troisième tranche, on sépare les deux derniers
chiffres à droite et l'on divise la partie à gauche par trois fois
le carré du nombre formé par les deux chiffres déjà trouvés : le
quotient est le troisième chiffre de la racine ou un chiffre trop
fort. On l'essaie comme on a essayé le second et l'on continue
ainsi jusqu'à ce qu'on ait employé toutes les tranches, dont le
nombre est égal à celui des chiffres de la racine.*

*Si le dernier reste est nul, le nombre proposé est cube par-
fait et l'on a sa racine exacte. — Dans le cas contraire, elle
est obtenue à moins d'une unité.*

REMARQUE I. — Lorsque l'un des quotients qui donnent les
chiffres de la racine à partir du second est supérieur à 9, on
essaie le chiffre 9. — Lorsque l'un de ces quotients est nul, le
chiffre correspondant de la racine est 0, et l'on continue l'opération après avoir abaissé la tranche suivante.

REMARQUE II. — La crainte d'essayer un chiffre trop fort
pourrait en faire écrire un trop faible. — On en sera averti
lorsqu'ayant fait la soustraction relative à ce chiffre, le reste
sera supérieur à trois fois le carré du nombre trouvé jusque-là
à la racine y compris le chiffre que l'on essaie, augmenté de
trois fois ce même nombre.—On a vu en effet que la différence
entre les cubes de deux nombres entiers consécutifs $a$ et $a+1$
vaut $3a^2+3a+1$. Donc si ayant trouvé 52 par exemple pour
racine cubique, il reste au moins $3 \times 52^2 + 3 \times 52 + 1$, la racine
cubique du nombre proposé vaut au moins 53.

REMARQUE III. — On peut faire la preuve par 9 de l'extraction de la racine cubique d'un nombre entier à moins d'une
unité. Pour cela on cherche le reste de la division par 9 de la
racine trouvée, on élève ce reste au cube, et on lui ajoute le
reste de la division par 9 du reste de l'opération. La somme,
divisée par 9, doit donner le même reste que le nombre dont
on a extrait la racine divisé lui-même par 9.

**167. Extraction de la racine cubique d'un nombre fractionnaire à moins d'une unité.** — Il suffit dans ce cas d'extraire à moins d'une unité la racine cubique de l'entier contenu dans le nombre fractionnaire et l'on a la racine demandée.

Le raisonnement est le même que celui du n° 153.

**168. Extraction de la racine cubique d'un nombre entier ou fractionnaire avec une approximation donnée.** — En raisonnant comme on l'a fait dans la question correspondante des racines carrées (154), on trouve que :

1° Pour avoir la racine cubique d'un nombre A à moins de $\dfrac{1}{n}$ , il faut extraire à moins d'une unité la racine cubique de A $\times n^3$ et diviser le résultat par $n$ ;

2° Pour avoir la racine cubique d'un nombre A à moins de $\dfrac{m}{n}$ , il faut multiplier A par $\dfrac{n^3}{m^3}$ , extraire à moins d'une unité la racine cubique du produit et multiplier par $\dfrac{m}{n}$ le résultat trouvé.

En général, *l'approximation étant désignée par* K (K étant un nombre quelconque, entier ou fractionnaire), *il faut multiplier le nombre dont on veut la racine par* $\dfrac{1}{K^3}$ *, extraire à moins d'une unité la racine du produit et multiplier le résultat par* K.

**169. Remarques relatives à l'extraction de la racine cubique des fractions ordinaires et des nombres décimaux.** — Ces remarques sont tout à fait analogues à celles des n°ˢ 155 et 156. On n'a qu'à substituer le mot cube au mot carré. La seule différence consiste en ce que pour rendre une fraction équivalente à une autre ayant son dénominateur cube parfait, on devra multiplier ses deux termes par le carré de son dénominateur, ou par les facteurs premiers de ce dernier dont les exposants ne sont pas multiples de 3, élevés à des puissances telles qu'après la multiplication tous les exposants de ces facteurs soient multiples de 3 dans le dénominateur.

Pour les nombres décimaux dont on extrait la racine cubique, les décimales doivent toujours être en nombre divisible par 3, on y pourvoit s'il est nécessaire au moyen de zéros ; la racine cubique a trois fois moins de chiffres décimaux que le nombre sur lequel on a opéré.

Un nombre décimal dont le nombre des chiffres décimaux n'est pas multiple de 3 (le dernier de ces chiffres étant autre que zéro) ne saurait être cube parfait.

**170. Extraction de racines dont l'indice ne renferme que les facteurs premiers 2 et 3.** — On nomme racine 4°, 5°, 6°..... d'un nombre la quantité qui prise 4, 5, 6.... fois comme facteur reproduit ce nombre. On indique ces racines par les signes $\sqrt[4]{\phantom{-}}$, $\sqrt[5]{\phantom{-}}$, $\sqrt[6]{\phantom{-}}$..... sous lesquels on place le nombre. Le nombre placé dans l'ouverture du radical se nomme l'*indice* de la racine.

Lorsque l'indice d'une racine ne renferme pas d'autres facteurs premiers que 2 et 3, on peut obtenir cette racine au moyen d'extractions successives de racines carrées ou cubiques. Ainsi par exemple :

$$\sqrt[8]{A} = \sqrt{\sqrt{\sqrt{A.}}}$$

De même

$$\sqrt[12]{A} = \sqrt{\sqrt[3]{\sqrt{A.}}}$$

# CHAPITRE V

**171. Notions preliminaires.** — Pour évaluer les différentes grandeurs que l'on a à considérer le plus souvent, comme les longueurs, .les surfaces, les volumes, etc., on a choisi certaines unités ou mesures dont l'ensemble constitue le *système métrique*, ainsi nommé parce qu'il a pour base le *mètre*. Cette grandeur, que nous définirons tout à l'heure, est l'unité fondamentale à laquelle les autres unités se rattachent. Le système métrique a été établi à la fin du dernier siècle : les travaux y relatifs furent terminés en 1790, et c'est le 1er janvier 1840 que son emploi devint obligatoire en France.— Après avoir exposé ce système, nous indiquerons sommairement les mesures qui étaient employées avant son établissement.

Dans le système métrique les multiples et sous-multiples des différentes unités sont soumis à la loi décimale, de sorte que les calculs relatifs aux nouvelles mesures sont des calculs de nombres décimaux.

**172. Mesures de longueur.** — L'unité de longueur est le *mètre*. On nomme ainsi la dix-millionième partie de la distance du pôle à l'équateur comptée sur le méridien de Paris.

Les multiples du mètre sont :

Le *décamètre* qui vaut 10 mètres.

L'*hectomètre* qui vaut 10 décam. ou 100 mètres.

Le *kilomètre* qui vaut 10 hectom. ou 1000 mètres.

Le *myriamètre* qui vaut 10 kilom. ou 10000 mètres.

Les sous-multiples sont :

Le *décimètre*, dixième partie du mètre.

Le *centimètre*, dixième partie du décimètre ou centième du mètre.

Le *millimètre*, dixième partie du centimètre ou millième du mètre.

On emploie le *myriamètre* et le *kilomètre* comme mesures itinéraires.

Ce qu'on appelle *une lieue* est une longueur de quatre kilomètres.

**173. Mesures de superficie.** — L'unité de surface est un carré ayant un mètre de côté et que l'on nomme *mètre carré*. Elle a pour multiples des carrés ayant 10 mètres, 100 mètres... de côté et que l'on nomme *décamètre carré, hectomètre carré,..* et pour sous-multiples des carrés ayant un décimètre, un centimètre... de côté et que l'on nomme *décimètre carré, centimètre carré...*

Ainsi les multiples du mètre carré sont :

Le *décamètre carré* qui vaut cent mètres carrés.

L'*hectomètre carré* qui vaut 100 décamètres carrés ou 10000 mètres carrés,

Le *kilomètre carré* qui vaut 100 hectomètres carrés ou 1000000 mètres carrés.

Le *myriamètre carré* qui vaut 100 kilomètres carrés ou 100000000 mètres carrés.

Les sous-multiples sont :

Le *décimètre carré*, centième partie du mètre carré.

Le *centimètre carré*, centième partie du décimètre carré ou dix-millième du mètre carré.

Le *millimètre carré*, centième partie du centimètre carré ou millionième du mètre carré.

Lorsqu'il s'agit de mesures agraires on prend pour unité le *décamètre carré* que l'on nomme *are*. Les seules mesures que l'on emploie avec l'*are* sont l'*hectare* ou hectomètre carré qui vaut cent ares, et le *centiare* ou mètre carré.

**174. Mesures de volume.** — L'unité de volume est le *mètre cube*. On nomme ainsi un cube ayant un mètre de côté.

On n'a pas l'habitude de donner des noms particuliers à ses multiples. Les sous-multiples sont des cubes ayant pour côté un décimètre, un centimètre... que l'on nomme *décimètre cube*, *centimètre cube*...

Ainsi les sous-multiples du mètre cube sont :

Le *décimètre cube*, millième partie du mètre cube.

Le *centimètre cube*, millième partie du décimètre cube ou 1000000e du mètre cube.

Le *millimètre cube*, millième partie du centimètre cube ou 1000000000e du mètre cube.

Lorsqu'il s'agit de mesurer les bois, le mètre cube prend le nom de *stère*. On emploie le *décastère* qui vaut dix stères, le *demi-décastère*, le *double-stère* et le *décistère*, dixième partie du stère.

**175. Mesures de capacité.** — L'unité de capacité est le *litre*. On nomme ainsi un vase dont la capacité est d'un décimètre cube.

On emploie comme multiples : le *décalitre* qui vaut 10 litres et l'*hectolitre* qui vaut 10 décalitres ou 100 litres ;

Et comme sous-multiples : le *décilitre*, dixième partie du litre et le *centilitre*, dixième partie du décilitre ou centième partie du litre.

Pour les liquides on se sert de vases cylindriques en étain dont la hauteur est double du diamètre de base. Pour les grains on emploie des vases cylindriques en bois dont la hauteur est égale au diamètre de base.

**176. Mesures de poids.** — L'unité de poids est le *gramme*. On nomme ainsi ce que pèse dans le vide un centimètre cube d'eau distillée à son maximum de densité (qui a lieu à la température de 4 degrés centigrades).

Les multiples du gramme sont :

Le *décagramme* qui vaut 10 grammes.

L'*hectogramme* qui vaut 10 décagrammes ou 100 grammes.

Le *kilogramme* qui vaut 10 hectogrammes ou 1000 grammes.

Le *quintal métrique* qui vaut 100 kilogrammes.

La *tonne* qui vaut 1000 kilogrammes.

Les sous-multiples sont :

Le *décigramme*, dixième partie du gramme.

D. ARITH.                                                    7

Le *centigramme*, dixième partie du décigramme ou centième partie du gramme.

Le *milligramme*, dixième partie du centigramme ou millième du gramme.

On désigne quelquefois par le mot *livre* un demi-kilogramme.

**177. Monnaies.** — L'unité monétaire est le *franc*. On nomme ainsi une pièce d'argent du poids de 5 grammes ayant pour titre 0,900, c'est-à-dire contenant les 0,900 de son poids en argent pur et le reste en cuivre (*).

Les monnaies dont on se sert sont les suivantes :

*Monnaies d'or.*

| La pièce de 100$^f$ | qui pèse 32$^{gr}$,258 | . Diamètre 35 millim. |
| » 50$^f$ | » 16$^{gr}$,129 | » 28 » |
| » 20$^f$ | » 6$^{gr}$,4516 | » 21 » |
| » 10$^f$ | » 3$^{gr}$,2258 | » 19 » |
| » 5$^f$ | » 1$^{gr}$,6129 | » 17 » |

*Monnaies d'argent.*

| La pièce de 5$^f$ | qui pèse 25$^{gr}$ » | . Diamètre 37 millim. |
| » 2$^f$ | » 10$^{gr}$ » | » 27 » |
| » 1$^f$ | » 5$^{gr}$ » | » 23 » |
| » 0$^f$,50 | » 2$^{gr}$,5 | » 18 » |
| » 0$^f$,20 | » 1$^{gr}$ » | » 16 » |

*Monnaies de bronze.*

| La pièce de 0$^f$,10 | qui pèse 10$^{gr}$ | . Diamètre 30 millim. |
| » 0$^f$,05 | » 5$^{gr}$ | » 25 » |
| » 0$^f$,02 | » 2$^{gr}$ | » 20 » |
| » 0$^f$,01 | » 1$^{gr}$ | » 15 » |

Les monnaies d'or sont au titre de 0,900, c'est-à-dire sont formées de 9 parties d'or en poids et de 1 de cuivre.

Les monnaies d'argent sont au titre de 0,835, sauf la pièce de 5 francs dont le titre est 0,900.

---

(*) Cette définition est la définition légale. La pièce de 1$^f$ est actuellement composée de 0,835 d'argent et de 0,165 de cuivre. (Loi du 27 juin 1866.) La valeur réelle de la pièce de 1$^f$ n'est plus que de 0$^f$,92 environ.

Les monnaies de bronze contiennent sur 100 parties en poids, 95 de cuivre, 4 d'étain et 1 de zinc.

On accorde dans la fabrication des monnaies une tolérance pour le titre et pour le poids de chaque pièce.

### Tolérance pour le titre.

Monnaies d'or . . . . . . } 2 millièmes en dessus et
Pièces d'argent de 5, 2 et 1ᶠ. . } en dessous.
Pièces 0ᶠ,50 et 0ᶠ,20 . . . . 3 millièmes.

Monnaies de bronze . . . . { 1 centième pour le cuivre.
{ ¹/₂ centième pour l'étain
et le zinc.

### Tolérance pour le poids : par kilogramme.

Monnaies d'or. . . { Pièces de 100ᶠ, 50ᶠ, 20ᶠ. . 1 gramme.
— de 10ᶠ. . . . . 2 —
— de 5ᶠ . . . . . 3 —

Monnaies d'argent . { Pièces de 5ᶠ . . . . . 3 —
— de 2ᶠ et 1ᶠ . . . 5 —
— de 0ᶠ,50 . . . . 7 —
— de 0ᶠ,20 . . . . 10 —

Monnaies de bronze. { Pièces de 0ᶠ,10 et 0ᶠ,05 . 10 —
— de 0ᶠ,02 et 0ᶠ,01 . 15 —

Un kilogramme d'or monnayé vaut 3100, et un kilogramme d'argent 200ᶠ : or les frais de fabrication sont fixés à 6ᶠ,70 par kilogramme d'or, et à 1ᶠ,50 par kilogramme d'argent. On en déduit, le titre étant 0,900 qu'au change, retenue déduite et abstraction faite de la valeur du cuivre que l'on néglige, le kilogramme d'or pur vaut 3437ᶠ et le kilogramme d'argent pur, 220ᶠ,56.

Il est bon de remarquer qu'à poids égal la monnaie d'or vaut 15 fois et demie la monnaie d'argent au titre de 0,900. De même la monnaie d'argent au titre de 0,900 vaut à poids égal 20 fois plus que la monnaie de bronze.

**178. Anciennes mesures.** — *Longueurs.* L'ancienne unité de longueur était la *toise* qui valait 6 *pieds*, le pied valait 12 *pouces*, le pouce 12 *lignes* et la ligne 12 *points*.

La commission des poids et mesures ayant trouvé 5130740

toises pour la longueur du quart du méridien de Paris, il en résulte que :

$$10000000 \text{ mètres} = 5130740 \text{ toises.}$$

On en déduit que

$$1 \text{ mètre} = 0^t,5130740 = 0^t, 3^p, 0^p, 11^l,296 = 443^l,296,$$

et que

$$1 \text{ toise} = 1^m,949.$$

La connaissance de ces valeurs permet de convertir en mètres un certain nombre de toises, pieds, pouces, lignes, et réciproquement.

Pour les étoffes, on se servait de l'*aune*, qui valait 3 pieds, 7 pouces, 10 lignes, 10 points.

Pour les mesures itinéraires, on employait entre autres la *lieue de poste* qui valait 2000 toises, la *lieue terrestre* (2280 toises), la *lieue marine* (2850 toises).

SURFACES.—L'unité était la *toise carrée*, c'est-à-dire un carré ayant une toise de côté. Elle se subdivisait en pieds carrés, pouces carrés, lignes carrées, carrés ayant respectivement pour côté un pied, un pouce, une ligne.

Pour les mesures agraires, on se servait de la *perche des eaux et forêts* (carré ayant 22 pieds de côté) et de la *perche de Paris* (carré ayant 18 pieds de côté). On employait aussi l'*arpent* qui valait 100 perches. Il y avait donc l'arpent des eaux et forêts et l'arpent de Paris.

La toise carrée vaut 3,7987 mètres carrés.

La perche des eaux et forêts vaut 51,07 mètres carrés ou centiares.

La perche de Paris vaut 34,19 mètres carrés ou centiares.

On peut, à l'aide de ces nombres, passer des anciennes mesures de surfaces aux nouvelles et réciproquement.

*Volumes.* — L'unité était la *toise cube*, c'est-à-dire un cube ayant une toise de côté. Elle se divisait en pieds, pouces et lignes cubes, cubes ayant respectivement pour côté un pied, un pouce, une ligne.

Pour les bois en employait la *voie* (56 pieds cubes), la *corde* valant 2 voies et la *solive* valant 3 pieds cubes.

La toise cube vaut 7,4039 mètres cubes.

La voie vaut 1,91952 mètres cubes.

*Capacités.* — On employait pour les liquides : la *pinte*, la *velte* qui valait 8 pintes, le *quartaut* composé de 9 veltes, la *feuillette*, de 2 quartauts, et le *muid* de 2 feuillettes. La pinte vaut 0,9313 de litre.

Pour les grains on se servait : du *litron*, du *boisseau* valant 16 litrons et du *setier* valant 12 boisseaux. Le litron = 0,813 de litre.

*Poids.* — L'unité était la *livre poids* qui comprenait 2 *marcs*, le marc valait 8 *onces*, l'once 8 *gros*, le gros 3 *deniers* ou *scrupules*, le scruple 24 *grains*. On employait aussi le *quintal* ou 100 livres.

La livre poids vaut 0,48951 de kilogramme.

*Monnaies.* — Nous citerons seulement la *livre tournois* qui valait 20 sous, le sou valait 4 *liards* ou 12 *deniers*.

81 livres tournois valent 80 fr.

**179. Nombres complexes.** — Un nombre composé d'anciennes unités avec leurs subdivisions est un nombre complexe. Ainsi 3 toises, 5 pieds, 8 pouces, 9 lignes est un nombre complexe.

Nous donnerons une idée du calcul des nombres complexes en prenant pour exemple des nombres composés de l'unité pour les mesures circulaires et de ses subdivisions.

Cette unité est le *degré* qui est contenu 360 fois dans la circonférence. Le degré contient 60 *minutes* et la minute 60 *secondes*. Les degrés se représentent au moyen du signe °, les minutes au moyen du signe ', et les secondes au moyen du signe ".

1° Additionner :

$$
\begin{array}{rrr}
35° & 47' & 33''. \\
64° & 51' & 39''. \\
\hline
100° & 39' & 12''.
\end{array}
$$

On additionne d'abord les secondes, on trouve 72'' ou 12'' que l'on pose et une minute que l'on reporte à la colonne des minutes. La somme de celles-ci est 99 ou 39' que l'on pose et 1° que l'on reporte à la colonne des degrés dont la somme est alors 100°.

2° Du nombre retrancher

$$
\begin{array}{rrr}
154° & 8' & 17''. \\
75° & 35' & 51''. \\
\hline
78° & 32' & 26''.
\end{array}
$$

On ajoute à 17″ une minute ou 60″ pour pouvoir faire la soustraction et 1′ à 35′ pour faire compensation. On ajoute de même 60′ à 8′ et 1° à 75°, et l'on fait la soustraction sur chaque espèce d'unité.

3° Multiplier      34°  21′  12″.
par                        15 .
                   ─────────────────
                   515°  18′   0″.

On multiplie 12″ par 15. Le produit 180 vaut 60 × 3 ou 3 minutes que l'on ajoutera au produit suivant. On multiplie ensuite 21 par 15 et l'on ajoute 3, on a ainsi 318′ ou 60 × 5 + 18, c'est-à-dire 5 degrés et 18′. Enfin 34 × 15 donne en ajoutant les 5 degrés du produit précédent, 515°.

4° Diviser 515° 18′ par 15.

On divise 515° par 15. Le quotient est 34° et le reste 5. On multiplie ce reste par 60 pour avoir des minutes et l'on ajoute 18 au résultat. On a ainsi 318′ que l'on divise par 15. Le quotient est 21′ et le reste 3. Ce dernier vaut 180″ qui divisées par 15 donnent 12 pour quotient.

Le quotient demandé est donc 34° 21′ 12″.

Remarque. — On peut, au lieu d'opérer comme il vient d'être indiqué pour la multiplication et la division, réduire le nombre complexe en unités de la dernière subdivision et ramener le calcul à celui des nombres non complexes.

Exemple I. — Multiplier 34° 21′ 12″ par 15.

34° = 34 × 60 ou 2040′. Ajoutant 21′, on a 2061′ qui valent 2061 × 60 ou 123660 secondes. Ajoutant 12″, tout le multiplicande vaut 123672 secondes. Multipliant par 15, le produit est 1855080″. Si l'on divise ce nombre par 60 le quotient 30918 exprime des minutes et le reste est nul. En divisant encore 30918 par 60 le quotient 515 exprime des degrés et il reste 18. Le produit demandé est donc 515° 18′ 0″.

Exemple II. — Diviser 515° 18′ par 15.

515° 18, valent 30918′ dont le quotient par 15 est 2061′ plus $\frac{3}{15}$ de minute ou 12″. Or 2061 divisé par 60 donne pour quotient 34° et pour reste 21. Le résultat demandé est donc 34° 21′ 12″.

# CHAPITRE VI

**180. Définitions.** — On nomme *rapport* de deux nombres le quotient de leur division.

Le premier nombre est le *numérateur* ou *l'antécédent* du rapport ; le second nombre en est le *dénominateur* ou le *conséquent*.

Deux rapports sont dits *inverses* l'un de l'autre lorsque le numérateur du premier est égal au dénominateur du second et *vice versâ*.

Le produit de deux rapports inverses est égal à l'unité.

On nomme *rapport* de deux grandeurs de même espèce le nombre qui mesure la première lorsque l'on prend la seconde pour unité.

**181. Théorème.** — *Le rapport de deux grandeurs de même espèce est égal au rapport des nombres qui les mesurent, en supposant qu'on les ait évaluées avec la même unité.*

Supposons d'abord que deux grandeurs de même espèce A et B contiennent l'unité employée la première 7 fois et la seconde 4 fois. On peut dire alors que A renferme 7 fois le quart de B ou vaut $\frac{7}{4}$ de B. Donc si l'on prend B pour unité, le nombre qui mesure A sera $\frac{7}{4}$.

Supposons maintenant que les nombres qui mesurent A et B soient $\frac{3}{8}$ et $\frac{5}{11}$. L'unité employée est alors les $\frac{11}{5}$ de B et par suite A vaut les $\frac{3}{8}$ des $\frac{11}{5}$ de B, c'est-à-dire $\frac{3}{8} \times \frac{11}{5}$

ou $\dfrac{3}{8} : \dfrac{5}{11}$ de B. Donc encore si l'on prend B pour unité, le nombre qui mesure A sera $\dfrac{3}{8} : \dfrac{5}{11}$.

Enfin si les grandeurs A et B sont incommensurables avec l'unité employée, comme le théorème sera vrai si l'on substitue à A et B des grandeurs commensurables avec cette unité et qui diffèrent aussi peu que l'on veut des grandeurs proposées, on en conclura qu'il est encore vrai pour les grandeurs A et B elles-mêmes.

**182. Propriétés des rapports.** — Ces propriétés sont les mêmes que celles qui appartiennent aux nombres fractionnaires. Nous nous contenterons de démontrer la suivante.

*On n'altère pas la valeur d'un rapport lorsqu'on multiplie ou divise ses deux termes par un même nombre.*

Soit $\dfrac{a}{b}$ un rapport et $q$ sa valeur, on a $\dfrac{a}{b} = q$,

Multipliant par un nombre quelconque $m$ les deux membres de l'égalité il vient :

$$a \times m = b \times m \times q$$

d'où

$$\frac{a \times m}{b \times m} = q,$$

donc

$$\frac{a \times m}{b \times m} = \frac{a}{b}.$$

Ce qu'il fallait démontrer.

La simplification des rapports et leur réduction au même dénominateur résultent de ce principe. On les opère comme on le fait pour les nombres fractionnaires.

Les rapports se combinent entre eux suivant les règles des opérations sur les nombres fractionnaires.

**183. Théorème.** — *Dans une suite de rapports égaux la somme des numérateurs et celle des dénominateurs forment un rapport égal à chacun des rapports de la suite.*

Soit la suite de rapports égaux : $\dfrac{a}{b} = \dfrac{a'}{b'} = \dfrac{a''}{b''}$ et soit $q$ la valeur de chacun d'eux, on a : $a = bq$, $a' = b'q$, $a'' = b''q$.

Ajoutant membre à membre, il vient :

$$a + a' + a'' = (b + b' + b'')q$$

d'où

$$\frac{a + a' + a''}{b + b' + b''} = q = \frac{a}{b} \cdot$$

ce qu'il fallait démontrer.

**184. Définition.** — On nomme *proportion* l'égalité de deux rapports. Ainsi :

$$\frac{12}{7} = \frac{24}{14}$$

est une proportion. On l'énonce 12 est à 7 comme 24 est à 14.

Les nombres 12 et 14 sont les *extrêmes* de la proportion. Les nombres 7 et 24 en sont les *moyens*.

Lorsque les deux extrêmes, ou encore les deux moyens, sont égaux entre eux la valeur commune de ces deux termes est dite *moyenne proportionnelle* entre les deux autres. Ainsi dans les proportions :

$$\frac{4}{6} = \frac{6}{9} \quad \text{et} \quad \frac{10}{5} = \frac{20}{10}$$

6 est la moyenne proportionnelle entre 4 et 9 ; et de même 10 est la moyenne proportionnelle entre 5 et 20.

**185. Théorème I.** — *Dans toute proportion, le produit des extrêmes est égal à celui des moyens.*

Soit la proportion $\frac{a}{b} = \frac{c}{d}$. Multipliant les deux termes de de chaque rapport par le dénominateur de l'autre, ces deux rapports restent égaux et l'on a

$$\frac{a \times d}{b \times d} = \frac{c \times b}{d \times b},$$

donc

$$a \times d = b \times c,$$

ce qu'il fallait démontrer.

**186. Théorème II.** — *Réciproquement, si quatre nombres*

*sont tels que le produit de deux d'entre eux soit égal au produit des deux autres, on peut former une proportion avec ces nombres en prenant pour extrêmes les facteurs de l'un des produits et pour moyens ceux de l'autre.*

Soit en effet le produit $a \times d = b \times c$. Divisant les deux membres de l'égalité par le produit $d \times b$ de deux facteurs pris l'un dans le premier membre de l'égalité, l'autre dans le second, il vient

$$\frac{a \times d}{d \times b} = \frac{b \times c}{d \times b},$$

d'où

$$\frac{a}{b} = \frac{c}{d},$$

ce qu'il fallait démontrer.

On voit par ce qui précède que *pour que quatre nombres soient en proportion il faut et il suffit que le produit des extrêmes soit égal à celui des moyens.*

COROLLAIRE. — 1° On peut écrire les termes d'une proportion en intervertissant leur ordre pourvu que le produit des extrêmes reste égal à celui des moyens.

Ainsi la proportion $\frac{a}{b} = \frac{c}{d}$ peut s'écrire des huit manières suivantes :

$$\frac{a}{b} = \frac{c}{d}, \quad \frac{a}{c} = \frac{b}{d}, \quad \frac{b}{a} = \frac{d}{c}, \quad \frac{b}{d} = \frac{a}{c},$$

$$\frac{c}{a} = \frac{d}{b}, \quad \frac{c}{d} = \frac{a}{b}, \quad \frac{d}{c} = \frac{b}{a}, \quad \frac{d}{b} = \frac{c}{a}.$$

2° Lorsque l'on connaît trois termes d'une proportion, et que l'on veut trouver le quatrième terme inconnu, on l'obtient si c'est un extrême, en multipliant les moyens et en divisant le produit trouvé par l'extrême connu. Si c'est un moyen il est égal au quotient de la division du produit des extrêmes par le moyen connu.

Dans le cas où les deux extrêmes ou encore les deux moyens ayant la même valeur sont inconnus, on obtient leur valeur commune en extrayant la racine carrée du produit des deux termes connus.

**187. Théorème III.** — *Lorsque deux proportions ont un rapport commun, les deux autres rapports forment une proportion.*

En effet soient les proportions $\dfrac{a}{b} = \dfrac{c}{d}$ et $\dfrac{e}{f} = \dfrac{c}{d}$, on en déduit immédiatement $\dfrac{a}{b} = \dfrac{e}{f}$.

COROLLAIRE. — *Lorsque deux proportions ont les mêmes antécédents ou les mêmes conséquents, les autres termes forment une proportion.*

En effet soient les proportions $\dfrac{a}{b} = \dfrac{c}{d}$ et $\dfrac{a}{e} = \dfrac{c}{f}$, on peut les écrire :

$$\frac{a}{c} = \frac{b}{d} \quad \text{et} \quad \frac{a}{c} = \frac{e}{f},$$

d'où l'on tire $\dfrac{b}{d} = \dfrac{e}{f}$, ce qu'il fallait démontrer.

**188. Théorème IV.** — *Lorsque l'on multiplie terme à terme plusieurs proportions, les produits forment une proportion.*

Soient en effet les proportions

$$\frac{a}{b} = \frac{c}{d}, \quad \frac{e}{f} = \frac{g}{h}, \quad \frac{i}{k} = \frac{m}{n}.$$

Multipliant membre à membre, il vient

$$\frac{a}{b} \times \frac{e}{f} \times \frac{i}{k} = \frac{c}{d} \times \frac{g}{h} \times \frac{m}{n},$$

ou

$$\frac{a \times e \times i}{b \times f \times k} = \frac{c \times g \times m}{d \times h \times n},$$

ce qu'il fallait démontrer.

**189. Théorème V.** — *Lorsque l'on divise terme à terme deux proportions, les quotients forment une proportion.*

Soient en effet les proportions $\dfrac{a}{b} = \dfrac{c}{d}$ et $\dfrac{e}{f} = \dfrac{g}{h}$.

Divisant membre à membre, il vient :

$$\frac{a}{b} : \frac{e}{f} = \frac{c}{d} : \frac{g}{h} \quad \text{ou} \quad \frac{af}{be} = \frac{ch}{dg},$$

ce qui peut s'écrire :

$$\frac{\left(\dfrac{a}{e}\right)}{\left(\dfrac{b}{f}\right)} = \frac{\left(\dfrac{c}{g}\right)}{\left(\dfrac{d}{h}\right)},$$

ce qu'il fallait démontrer.

**190. Théorème VI.** — *Si quatre nombres sont en proportion, leurs puissances de même degré sont en proportion.*

Soit la proportion $\dfrac{a}{b} = \dfrac{c}{d}$. Élevant les deux membres à la puissance $m$, il vient

$$\left(\frac{a}{b}\right)^m = \left(\frac{c}{d}\right)^m,$$

ou

$$\frac{a^m}{b^m} = \frac{c^m}{d^m},$$

ce qu'il fallait démontrer.

**191. Théorème VII.** — *Les racines de même indice de quatre nombres en proportion, sont en proportion.*

En effet soit la proportion $\dfrac{a}{b} = \dfrac{c}{d}$, en en déduit

$$\sqrt{\frac{a}{b}} = \sqrt{\frac{c}{d}}$$

ou

$$\frac{\sqrt{a}}{\sqrt{b}} = \frac{\sqrt{c}}{\sqrt{d}},$$

ce qu'il fallait démontrer.

**192. Théorème VIII.** — *Dans toute proportion la somme des deux premiers termes est au premier ou au second terme comme la somme des deux derniers est au troisième ou au quatrième.*

Soit la proportion :

$$\frac{a}{b} = \frac{c}{d}\;.$$

Ajoutant 1 aux deux membres, il vient : $\dfrac{a}{b} + 1 = \dfrac{c}{d} + 1$

ou

$$\frac{a+b}{b} = \frac{c+d}{d}\;.$$

Comparant cette proportion à la première, il vient en divisant terme à terme et simplifiant :

$$\frac{a+b}{a} = \frac{c+d}{c}\;.$$

Le théorème est donc démontré.

Corollaire. — Des proportions précédentes, on déduit :

$$\frac{a+b}{c+d} = \frac{a}{c} = \frac{b}{d}\;,$$

c'est-à-dire que *dans une proportion la somme des deux premiers termes est à la somme des deux autres comme le premier terme est au troisième ou comme le deuxième est au quatrième.*

**193. Théorème IX.** — *Dans toute proportion la différence des deux premiers termes est au premier ou au second terme comme la différence des deux derniers est au troisième ou au quatrième.*

Soit encore la proportion $\dfrac{a}{b} = \dfrac{c}{d}$ .

Suppsons $a > b$ : retranchant 1 des deux membres, il vient :

$$\frac{a}{b} - 1 = \frac{c}{d} - 1 \quad \text{ou} \quad \frac{a-b}{b} = \frac{c-d}{d}\;.$$

Comparant cette proportion avec la première, il vient en divisant terme à terme et simplifiant :

$$\frac{a-b}{a} = \frac{c-d}{c}\;.$$

Supposons maintenant $a < b$ : retranchant les deux membres de 1, il vient :

$$1 - \frac{a}{b} = 1 - \frac{c}{d} \quad \text{ou} \quad \frac{b-a}{b} = \frac{d-c}{a}\;.$$

Et ensuite comme ci-dessus :

$$\frac{b - a}{a} = \frac{d - c}{c} .$$

Le théorème est donc démontré dans tous les cas.

COROLLAIRE. — On déduit des proportions précédentes :

$$\frac{a - b}{c - d} = \frac{a}{c} = \frac{b}{d} \quad \text{et} \quad \frac{b - a}{d - c} = \frac{a}{c} = \frac{b}{d} ,$$

c'est-à-dire que *dans toute proportion la différence des deux premiers termes est à la différence des deux autres, comme le premier terme est au troisième ou le second au quatrième.*

**194. Théorème X.** — *Dans toute proportion la somme des deux premiers termes est à leur différence comme la somme des deux derniers est à leur différence.*

En effet, étant donnée la proportion $\dfrac{a}{b} = \dfrac{c}{d}$ , on en tire d'après les théorèmes qui précèdent :

$$\frac{a + b}{c + d} = \frac{a}{c} , \qquad \frac{a - b}{c - d} = \frac{a}{c} ,$$

d'où

$$\frac{a + b}{a - b} = \frac{c + d}{c - d} .$$

**195. Remarque.** — La proportion $\dfrac{a}{b} = \dfrac{c}{d}$ pouvant s'écrire $\dfrac{a}{c} = \dfrac{b}{d}$ , on peut établir une série de théorèmes tout à fait semblables aux précédents et dont l'énoncé ne différera qu'en ce que les mots : premier terme, troisième terme, seront remplacés par ceux de premier antécédent, premier conséquent, et les mots deuxième terme, quatrième terme, par ceux de deuxième antécédent, deuxième conséquent.

Ainsi par exemple on reconnaîtra que *dans toute proportion la somme des antécédents est à leur différence comme la somme des conséquents est à leur différence.*

**196. Moyennes géométrique et arithmétique.** — On nomme *moyenne géométrique ou proportionnelle* entre deux nombres, la racine carrée de leur produit. C'est, ainsi que nous l'avons vu, la valeur commune des extrêmes ou des moyens de certaines proportions.

On nomme *moyenne arithmétique* entre deux ou plusieurs nombres, le résultat que l'on obtient en additionnant ces nombres et en divisant leur somme par leur nombre. Ainsi la moyenne arithmétique entre 5, 7 et 12 est égale à $\dfrac{5+7+12}{3}$ ou 8.

# CHAPITRE VII.

**197. Définitions.** — On dit que deux grandeurs sont *directement proportionnelles* ou simplement sont *proportionnelles* lorsque le rapport de deux valeurs quelconques de l'une d'elles est constamment égal au rapport des valeurs correspondantes de l'autre.

Ainsi $a$, $a'$ étant deux valeurs quelconques d'une certaine grandeur A ; $b$, $b'$ étant les valeurs correspondantes d'une autre grandeur B, si l'on a toujours

$$\frac{a}{a'} = \frac{b}{b'},$$

les grandeurs A et B sont directement proportionnelles.

On dit que deux grandeurs sont *inversement proportionnelles* lorsque le rapport de deux valeurs quelconques de l'une d'elles est constamment égal à l'inverse du rapport des valeurs correspondantes de l'autre.

Ainsi $a$, $a'$ étant deux valeurs quelconques d'une certaine grandeur A ; $b$, $b'$ étant les valeurs correspondantes d'une autre grandeur B, si l'on a toujours

$$\frac{a}{a'} = \frac{b'}{b},$$

les grandeurs A et B sont inversement proportionnelles.

Une grandeur peut être directement proportionnelle à certaines grandeurs et inversement à certaines autres.

**198.** La démonstration de la proportionnalité des grandeurs n'est pas du ressort de l'arithmétique. Dans tous les exemples qui vont suivre nous l'admettrons soit comme une convention, soit comme un résultat de l'expérience.

On peut du reste souvent faire usage des principes suivants pour reconnaître que deux grandeurs d'espèces différentes sont directement ou inversement proportionnelles.

1° Lorsque deux grandeurs sont telles que si l'une d'elles devenant un certain nombre de fois plus grande ou plus petite, l'autre devient le même nombre de fois plus grande ou plus petite, ces deux grandeurs sont directement proportionnelles.

2° Lorsque deux grandeurs sont telles que l'une devenant un certain nombre de fois plus grande ou plus petite, l'autre devient le même nombre de fois plus petite ou plus grande, ces deux grandeurs sont inversement proportionnelles.

### RÈGLE DE TROIS.

**199. Définition.** — On nomme *règle de trois simple* une question dans laquelle, étant données deux valeurs qui se correspondent de deux grandeurs proportionnelles et une seconde valeur de l'une de ces grandeurs, on demande de trouver la seconde valeur correspondante de l'autre grandeur.

La règle de trois simple est *directe* ou *inverse* suivant que les grandeurs dont il s'agit sont directement ou inversement proportionnelles.

**200. Exemple I.** — a *mètres d'étoffe coûtent* b *francs, combien coûteront* a′ *mètres de la même étoffe ?*

On raisonne ainsi qu'il suit :

Puisque $a$ mètres coûtent $b^f$, un seul mètre coûtera $a$ fois moins ou $\dfrac{b}{a}$ et $a'$ mètres coûteront $\dfrac{b}{a} \times a'$ ou $b \times \dfrac{a'}{a}$ .

La valeur cherchée est donc égale à la valeur donnée de la grandeur de même espèce qu'elle, multipliée par le rapport direct des deux valeurs de l'autre grandeur.

Dans l'exemple actuel les grandeurs que l'on a considérées sont directement proportionnelles, la règle de trois est donc directe.

**201. Exemple II.** — a *ouvriers mettent* b *heures pour*

*faire un certain travail, combien a′ ouvriers mettront-ils d'heures pour faire le même travail ?*

Puisque $a$ ouvriers mettent $b$ heures, un seul ouvrier mettrait $a$ fois plus d'heures ou $b \times a$ et $a′$ ouvriers mettront $\dfrac{b \times a}{a′}$ ou $b \times \dfrac{a}{a′}$ :

La valeur cherchée est donc égale à la valeur donnée de la grandeur de même espèce qu'elle, multipliée par le rapport inverse des deux valeurs de l'autre grandeur.

Ici les grandeurs considérées sont inversement proportionnelles et la règle de trois est inverse.

**202. Définition.** — On nomme *règle de trois composée* une question dans laquelle étant donnée une série de valeurs correspondantes de plusieurs grandeurs directement ou inversement proportionnelles, et une seconde série de ces valeurs à l'exception d'une d'entre elles, on demande de déterminer cette valeur inconnue.

**203. Exemple.** — *a ouvriers travaillant* b *jours et* c *heures par jour ont fait* d *mètres d'un certain ouvrage : combien faut-il d'ouvriers travaillant* b′ *jours et* c′ *heures par jour pour faire* d′ *mètres du même ouvrage.*

On dira :

Pour faire $d^{m}$ en travaillant $b$ jours et $c$ heures par jour, il faut $a$ ouvriers.

Donc : pour faire $d^{m}$ en travaillant 1 jour et $c$ heures par jour, il faudra $a \times b$ ouvriers,

pour faire $d^{m}$ en travaillant $b′$ jours et $c$ heures par jour, il faudra $\dfrac{a \times b}{b′}$ ouvriers,

pour faire $d^{m}$ en travaillant $b′$ jours et 1 heure par jour, il faudra $\dfrac{a \times b \times c}{b′}$ ouvriers,

pour faire $d^{m}$ en travaillant $b′$ jours et $c′$ heures par jour, il faudra $\dfrac{a \times b \times c}{b′ \times c′}$ ouvriers,

pour faire $1^{m}$ en travaillant $b′$ jours et $c′$ heures par jour, il faudra $\dfrac{a \times b \times c}{b′ \times c′ \times d}$ ouvriers,

enfin, pour faire $d^{m}$ en travaillant $b′$ jours et $c′$ heures par jour, il faudra $\dfrac{a \times b \times c \times d′}{b′ \times c′ \times d}$ ouvriers.

En appelant $x$ la quantité cherchée, on a donc :

$$x = a \times \frac{b}{b'} \times \frac{c}{c'} \times \frac{d'}{d} \cdot$$

Or les nombres d'ouvriers sont inversement proportionnels aux nombres de jours et d'heures, et directement proportionnels aux nombres de mètres de travail. On voit donc par le résultat précédent que, dans ces sortes de questions, la valeur cherchée est égale à la valeur donnée de la grandeur de la même espèce, multipliée par les rapports des deux valeurs de chacune des autres grandeurs, ces rapports étant directs ou inverses suivant que les grandeurs sont directement ou inversement proportionnelles à la grandeur dont une valeur est connue.

**204.** Cette remarque permet d'écrire immédiatement le résultat d'une règle de trois.

EXEMPLE. — *Il a fallu* 15 *jours à* 50 *ouvriers travaillant* 8 *heures par jour pour creuser un fossé long de* 400 *mètres, large de* 6 *mètres et profond de* 3 *mètres : combien faudra-t-il de jours à* 35 *ouvriers travaillant* 10 *heures par jour, pour creuser un fossé long de* 380 *mètres, large de* 5ᵐ *et profond de* 2ᵐ,50.

Nommant $x$ le nombre de jours cherché, on a :

$$x = 15 \times \frac{50}{35} \times \frac{8}{10} \times \frac{380}{400} \times \frac{5}{6} \times \frac{2,50}{3} \cdot$$

**205.** Les règles de trois peuvent également se résoudre à l'aide de proportions. La méthode que nous avons employée dans les exemples précédents se nomme *méthode de réduction à l'unité*. C'est la seule que nous croyons devoir exposer.

### INTÉRÊTS SIMPLES.

**206. Définitions.** — On nomme *intérêt* le bénéfice que l'on fait sur une somme prêtée ; cette somme est dite *le capital*. L'intérêt est *simple* lorsque le capital reste le même pendant toute la durée du prêt. On nomme *taux* de l'intérêt ce que rapportent 100 francs en un an.

L'intérêt est évidemment proportionnel au capital et au

temps ; les règles d'intérêt simple ne sont donc autre chose que des règles de trois.

**207. Problème I.** — *Calculer l'intérêt rapporté par un capital de* a *francs placé pendant* t *années au taux de* i *pour cent francs.*

Puisque 100$^f$ en un an rapportent $i$ ;

100$^f$ en $t$ années rapporteront $i \times t$ ;

1$^f$ en $t$ années rapportera $\dfrac{i \times t}{100}$,

et $a^f$ en $t$ années rapporteront $\dfrac{a \times i \times t}{100}$.

On a donc en nommant $I$ l'intérêt demandé :

$$I = \frac{a \times i \times t}{100}. \qquad (1)$$

On obtient ainsi ce qu'on nomme *une formule,* c'est-à-dire une expression indiquant les opérations à faire sur les données d'une question pour trouver le résultat. — La formule (1) signifie que pour trouver l'intérêt d'une somme, il faut multiplier la valeur de cette somme par le taux auquel elle a été placée et par le temps (exprimé en années) pendant lequel elle a été placée, et diviser ensuite le produit de ces trois facteurs par 100.

De la formule (1) on déduit les suivantes :

$$a = \frac{100 \times I}{i \times t}, \qquad i = \frac{100 \times I}{a \times t}, \qquad t = \frac{100 \times I}{a \times i},$$

qui permettent de trouver le capital, le taux et le temps lorsque les autres éléments de la question sont donnés.

Il ne faut pas perdre de vue que, dans ces formules, $t$ doit être remplacé par la valeur du temps exprimé en années : ainsi, si le capital est resté placé pendant 4 mois, $t = \dfrac{4}{12}$ ; s'il est resté placé pendant 3 mois et 12 jours, $t = \dfrac{102}{360}$ (*).

REMARQUE. — Les questions d'intérêt simple dans lesquelles

---

(*) Nous supposons ici chaque mois composé de 30 jours.

le capital, le taux ou le temps sont à chercher peuvent d'ailleurs se résoudre directement sans le secours des formules, en employant la méthode de réduction à l'unité.

EXEMPLE. — *Quel est le capital qui, étant resté placé pendant 11 mois à 5 %o* (cinq pour cent), *a rapporté* 220$^f$ ?

On dira :

5 francs en 12 mois sont rapportés par 100$^f$ ;

1 franc en 12 mois sera rapporté par $\dfrac{100}{5}$ ;

220 francs en 12 mois seront rapportés par

$$\frac{100 \times 220}{5} ;$$

220 francs en 1 mois seront rapportés par

$$\frac{100 \times 220 \times 12}{5} ;$$

220 francs en 11 mois seront rapportés par

$$\frac{100 \times 220 \times 12}{5 \times 11} .$$

Nommant $x$ le capital demandé, on a donc :

$$x = \frac{100 \times 220 \times 12}{5 \times 11} = 4800^f.$$

**208.** Nous traiterons encore comme exemple de règle d'intérêt simple la question suivante :

*Quelle est la valeur d'un capital qui, étant resté placé pendant 7 mois à 5 %o, est devenu, joint à ses intérêts, 1856 francs?*

Dans cette question, on ne connaît ni le capital, ni ses intérêts, mais leur somme. On commencera, pour résoudre le problème, par chercher ce que rapportent 100 francs pendant 7 mois à 5 %o : on trouve ainsi pour la somme rapportée : $\dfrac{5 \times 7}{12}$ . On dira alors :

$100 + \dfrac{5 \times 7}{12}$ est ce que devient, joint à ses intérêts, un capital de 100$^f$ qui est resté placé pendant 7 mois à 5 %o, donc 1 franc est ce que deviendrait dans les mêmes conditions un capital de $\dfrac{100}{100 + \dfrac{5 \times 7}{12}}$ , et 1856 francs sont ce que devient

un capital de 1856 fois plus fort. On a donc en nommant $x$ le capital demandé :

$$x = \frac{100 \times 1856}{100 + \dfrac{5 \times 7}{12}} \cdot$$

Effectuant, on trouve $x = 1803^\text{f},40$.

### ESCOMPTE.

**209. Définition.** — Lorsqu'une personne rembourse *un billet* (on nomme ainsi une promesse écrite de paiement d'une somme à une époque déterminée) avant son échéance, elle retient sur le montant de ce billet une certaine somme que l'on nomme *escompte*. Dans le commerce, cette somme n'est autre que les intérêts du montant du billet pendant le temps qui doit encore s'écouler jusqu'à l'époque de son échéance.

Il résulte de là que les questions relatives à l'escompte sont les mêmes que celles relatives à l'intérêt simple. Les formules du n° 207 peuvent donc servir à résoudre cette question, $I$ représentant l'escompte, $a$ le montant du billet, $t$ le temps qui reste à courir jusqu'à l'échéance et $i$ le taux de l'intérêt.

Nous allons donner la résolution directe de quelques questions d'escompte.

**210. Problème I.** — *Escompter un billet de 1860 francs payable dans 3 mois, le taux de l'escompte étant 6 %.*

100 francs en 12 mois rapportent 6 francs ;

1 franc dans le même temps rapporte $\dfrac{6}{100}$ ;

1860 francs dans le même temps rapportent $\dfrac{6 \times 1860}{100}$ ;

1860 francs en un mois rapportent $\dfrac{6 \times 1860}{100 \times 12}$ ;

et 1860 francs en 3 mois rapportent $\dfrac{6 \times 1860 \times 3}{100 \times 12} \cdot$

L'escompte vaudra donc $\dfrac{6 \times 1860 \times 3}{100 \times 12}$ et le porteur recevra

en échange de son billet une somme de $1860^f - \dfrac{6 \times 1860 \times 3}{100 \times 12}$

ou $1832^f,10$.

**211. Problème II.** — *Au bout de combien de temps était payable un billet de 960 francs sur lequel on a retenu un escompte de $14^f,40$, le taux étant 6 %?*

On retiendrait 6 francs sur un billet de 100 francs payable dans 12 mois ;

On retiendrait 1 franc sur un billet de 100 francs payable dans $\dfrac{12}{6}$ ;

On retiendrait $14^f,40$ sur un billet de 100 francs payable dans

$$\frac{12 \times 14.40}{6} ;$$

On retiendrait $14^f,40$ sur un billet de 1 franc payable dans

$$\frac{12 \times 14,40 \times 100}{6} ;$$

On retiendra $14^f,40$ sur un billet de 960 francs payable dans

$$\frac{12 \times 14.40 \times 100}{6 \times 960} .$$

Le temps demandé est donc $\dfrac{12 \times 14,40 \times 100}{6 \times 960} .$

Effectuant, on trouve 3 mois.

**212. Problème III** — *Un billet, payable dans 3 mois, a été escompté à 5 % et l'on a remis $279^f$ au porteur : quel était le montant du billet ?*

Ici $279^f$ représentent la différence entre le montant du billet et ses intérêts à 5 % pendant 3 mois. — On commencera par chercher ce que rapportent $100^f$ en 3 mois à 5 % : on trouve ainsi $\dfrac{5 \times 3}{12}$. On dira alors :

$100^f - \dfrac{5 \times 3}{12}$ est ce que recevrait le porteur d'un billet de $100^f$ payable dans 3 mois.

1$^f$ est ce que recevrait le porteur d'un billet de

$$\frac{100}{100 - \dfrac{5 \times 3}{12}}$$

payable dans 3 mois.

279$^f$ est la somme que recevra le porteur d'un billet de

$$\frac{100 \times 279}{100 - \dfrac{5 \times 3}{12}}$$

payable dans 3 mois.

Effectuant on trouve 282$^f$,53 qui est le montant du billet.

**213. Remarque.** — L'escompte commercial dont nous venons de parler et que l'on nomme encore *escompte en dehors* n'est pas équitable puisque la personne qui rembourse le billet perçoit les intérêts d'une somme plus considérable que celle qu'elle remet au porteur du billet. L'*escompte rationnel* consiste à chercher ce que vaut le billet au moment où on le rembourse et à remettre cette valeur au porteur. Or la valeur d'un billet à un moment quelconque avant son échéance est celle d'un capital qui, augmenté de ses intérêts pendant le temps qui reste à courir jusqu'à l'échéance, deviendrait égal au montant de ce billet. Lors donc que l'on voudra escompter rationnellement ou comme on dit encore « en dedans », le problème à résoudre sera semblable à celui que nous avons traité précédemment (208).

EXEMPLE. — *Escompter en dedans un billet de* 1860 *francs payable dans* 3 *mois, le taux de l'escompte étant* 6 %.

100 francs en 12 mois rapportent 6 francs;

en 3 mois ils rapportent $\dfrac{6}{4}$ ou 1$^f$,50.

Donc un billet de 101$^f$,50 payable dans 3 mois vaut aujourd'hui 100$^f$.

Par suite un billet de 1$^f$ dans les mêmes conditions vaut aujourd'hui $\dfrac{100}{101^f,50}$ et un billet de 1860$^f$ vaut $\dfrac{100 \times 1860}{101,50}$.

Effectuant, on trouve 1832$^f$,51. C'est donc cette somme que le porteur du billet devra recevoir en échange de son billet.

**214.** On nomme *valeur nominale* d'un billet le montant de ce billet, et *valeur actuelle*, la valeur qu'il possède au moment où on le présente à l'escompte. Ainsi dans l'exemple qui précède, 1860$^f$ est la valeur nominale du billet et 1832$^f$,51 est sa valeur actuelle.

En résumé, escompter en *dehors*, c'est retenir l'intérêt de la *valeur nominale* d'un billet, et escompter en *dedans*, c'est retenir l'intérêt de sa *valeur actuelle*.

En désignant par $a$ la valeur nominale d'un billet, par $t$ le temps qui doit s'écouler jusqu'à l'échéance et par $i$ le taux de l'escompte, on trouve que la valeur actuelle du billet est représentée par la formule

$$\frac{100\,a}{100 + it}.$$

La retenue faite en escomptant en dedans est donc

$$\frac{ait}{100 + it},$$

tandis qu'en escomptant en dehors, elle est

$$\frac{ait}{100}.$$

**215.** Le mot *escompte* signifie quelquefois *remise*. Ainsi une personne qui achète pour 100$^f$ de marchandises, en profitant d'un escompte de 3 % paie seulement 97$^f$.

### RENTES SUR L'ÉTAT.

**216.** Lorsqu'un État contracte un emprunt, il remet aux souscripteurs en échange de leurs versements, des *inscriptions* ou *titres de rente* par lesquels il s'engage à payer au possesseur du titre une rente annuelle dont la quotité dépend du versement effectué. — Ce paiement se fait à perpétuité : l'État qui émet des rentes n'est jamais obligé au remboursement de sa dette, tout en ayant le droit de l'opérer.

Les titres de rente sont des valeurs négociables et peuvent se transmettre d'un particulier à un autre par voie de vente ou d'achat. Leur prix est sujet à des variations : ainsi un titre de 100 francs de rente par exemple vaut une somme plus ou moins forte selon que les circonstances paraissent de nature à affermir ou ébranler le crédit de l'État.

Les rentes françaises sont le 3 %, le 4 %, le 4 $\frac{1}{2}$ % et le 5 % On entend par *cours de la rente* le prix d'une inscription de 3$^f$, 4$^f$, 4$^f$,50 ou 5$^f$ de rente suivant l'espèce de la rente dont il est question. — Ainsi, si à une certaine époque le cours de la rente 3 % est 57$^f$, cela veut dire que l'on peut acheter à ce moment un titre de 3$^f$ de rente moyennant un capital de 57$^f$. — On voit par là que le taux auquel on place son argent en achetant de la rente n'est pas celui qui sert à désigner cette rente, sauf dans le cas où elle est *au pair*, c'est-à-dire au cours de 100 francs.

Les questions relatives aux rentes sur l'État ne sont autres que des règles de trois. Nous allons en donner quelques exemples.

EXEMPLE I. — *Quel est le prix de* 1700 *francs de rente* 3 % *au cours de* 57$^f$,25 ?

Le cours étant de 57$^f$,25, on aura 3$^f$ de rente pour 57$^f$,25 ; donc on aura 1$^f$ de rente pour $\dfrac{57,25}{3}$ et 1700$^f$ de rente pour

$$\frac{57,25 \times 1700}{3}.$$

Effectuant, on trouve 32441$^f$,67.

EXEMPLE II. — *On a payé* 5275$^f$ *un titre de* 250$^f$ *de rente* 3 % : *à quel cours a-t-on acheté ?*

Puisqu'on a payé 5275$^f$ un titre de 250$^f$ de rente, on paierait $\dfrac{5275}{250}$ pour 1$^f$ de rente et par par suite, le cours auquel on a acheté est

$$\frac{5275 \times 3}{250}.$$

Effectuant, on trouve 63$^f$,30.

EXEMPLE III. — *A quel taux place-t-on son argent en achetant de la rente* 5 % *au cours de* 91$^f$,25 ?

Puisque pour 91$^f$,25 on a 5$^f$ de rente, pour 1$^f$, on aura $\dfrac{5}{91,25}$ et pour 100$^f$,

$$\frac{5 \times 100}{91,25} \cdot$$

Effectuant, on trouve 5$^f$,48 par excès.

**Exemple IV.** — *Combien aura-t-on de rentes 5 %, au cours de 95$^f$ pour 26600$^f$?*

Si l'on a 5$^f$ de rente pour 95$^f$, pour 1$^f$, on aura $\dfrac{5}{95}$ et pour 26600$^f$, on aura :

$$\frac{5 \times 26600}{95} \cdot$$

Effectuant, on trouve 1400$^f$.

## PARTAGES PROPORTIONNELS.

**217. Problème I.** — *Partager un nombre N en parties proportionnelles à des nombres donnés* a, b, c.

En appelant $x$, $y$, $z$ les parties demandées, on doit avoir :

$$\frac{x}{a} = \frac{y}{b} = \frac{z}{c} \cdot$$

On en tire (183),

$$\frac{x+y+z}{a+b+c} = \frac{x}{a} = \frac{y}{b} = \frac{z}{c},$$

or

$$x + y + z = N,$$

donc

$$x = \frac{N \times a}{a+b+c}, \quad y = \frac{N \times b}{a+b+c}, \quad z = \frac{N \times c}{a+b+c}.$$

On peut encore résoudre le problème comme il suit :

Si la somme à partager était égale à $a + b + c$, les parts seraient $a$, $b$, $c$.

Si elle était égale à 1, les parts seraient

$$\frac{a}{a+b+c}, \quad \frac{b}{a+b+c}, \quad \frac{c}{a+b+c};$$

Or, elle est égale à N, donc les parts seront

$$\frac{N \times a}{a+b+c}, \quad \frac{N \times b}{a+b+c}, \quad \frac{N \times c}{a+b+c} \cdot$$

On voit ainsi que pour former les parties demandées il faut multiplier le nombre donné successivement par les nombres auxquels ces parties doivent être proportionnelles et diviser les produits par la somme de ces nombres.

REMARQUE. — Lorsque les nombres *a, b, c* sont des fractions, on les réduit au même dénominateur et l'on partage le nombre donné proportionnellement aux numérateurs des fractions ainsi obtenues.

**218. Problème II.** — *Partager* 500$^f$ *entre 3 personnes, de manière que la part de la première personne soit les* $\dfrac{3}{5}$ *de la part de la seconde, et que la part de la seconde soit les* $\dfrac{6}{7}$ *de la part de la troisième.*

Si la part de la troisième personne était 1, celle de la seconde serait $\dfrac{6}{7}$ et celle de la première $\dfrac{6}{7} \times \dfrac{3}{5}$ ou $\dfrac{18}{35}$. La question revient donc à partager 500 en parties proportionnelles à $\dfrac{18}{35}$, $\dfrac{6}{7}$ et 1 ou à $\dfrac{18}{35}$, $\dfrac{30}{35}$ et $\dfrac{35}{35}$ ; ou enfin à 18, 30 et 35.

Les parts seront par suite

$$\frac{500 \times 18}{18 + 30 + 35}, \quad \frac{500 \times 30}{18 + 30 + 35}, \quad \frac{500 \times 35}{18 + 30 + 35}.$$

Effectuant, on trouve 108$^f$,43 ; 180$^f$,72 et 210$^f$,84.

### RÈGLES DE SOCIÉTÉ.

**219. Définition.** — Les règles de société ont pour but de répartir entre des associés le bénéfice résultant de leur association, proportionnellement à leurs mises. Ces règles ne sont donc autres que des questions de partages proportionnels.

**220. Problème.** — *Trois personnes ont mis en commun la* 1$^{re}$ 3000$^f$, *la* 2$^e$ 4500 *et la* 3$^e$ 5600$^f$. *Elles ont fait un bénéfice de* 9500$^f$, *quelle est la part qui revient à chacune ?*

La question se réduit à partager 9500$^f$ en parties proportionnelles aux nombres 3000, 4500, 5600, ou, ce qui revient au même, aux nombres 30, 45, 56. Les parts demandées sont donc :

$$\frac{9500 \times 30}{30 + 45 + 56} = 2175^{r},57,$$

$$\frac{9500 \times 45}{30 + 45 + 56} = 3263^{r},36,$$

$$\frac{9500 \times 56}{30 + 45 + 56} = 4061^{r},07.$$

## MÉLANGES.

**221. Problème I.** — *On mélange* n *litres de vin valant* $a^{r}$ *le litre*, n′ *litres valant* $a^{\prime r}$, n″ *litres valant* $a^{\prime\prime r}$..., *quel est le prix du litre du mélange ?*

Les $n$ litres à $a^{r}$ le litre valent $a \times n$.

Les $n'$ litres à $a^{\prime r}$    —    $a' \times n'$.

Les $n''$ litres à $a^{\prime\prime r}$    —    $a'' \times n''$.

. . . . . . . . . . . . . . . . . . . . .

Donc les $n + n' + n''$... litres composant le mélange valent

$$a \times n + a' \times n' + a'' \times n'' + \ldots$$

Et le litre du mélange vaut

$$\frac{a \times n + a' \times n' + a'' \times n'' + \ldots}{n + n' + n'' + \ldots}.$$

Il faut donc pour résoudre le problème additionner les produits des nombres de litres par les prix correspondants et diviser le résultat par le nombre total des litres mélangés.

**222. Problème II.** — *Dans quel rapport faut-il mélanger des vins à* $a^{r}$ *et à* $a^{\prime r}$ *le litre, pour que le litre de mélange coûte* $b^{r}$. *On suppose* a > b > a′ ?

En vendant $b^{r}$ le litre qui coûte $a^{r}$ on perd $a - b$ ; en vendant $b^{r}$ le litre qui coûte $a^{\prime r}$, on gagne $b - a'$. Donc pour que le gain compense la perte, il faut prendre des nombres $x$ et $y$ de litres des vins de l'une et l'autre espèce tels que l'on ait :

$$(a - b)x = (b - a')y,$$

d'où

$$\frac{x}{y} = \frac{b - a'}{a - b}.$$

Si l'on donne le nombre N de litres du mélange que l'on veut former, on n'aura pour avoir $x$ et $y$ qu'à partager N proportionnellement à $b - a'$ et $a - b$.

EXEMPLE. — *Former 1400 litres de vin à* $0^f,90$ *le litre avec des vins à* $0^f,75$ *et à* $1^f,10$ *le litre.*

Sur chaque litre à $0^f,75$ que l'on vendra $0^f,90$ on gagnera $0^f,90 - 0^f,75$ ou $0^f,15$ ;

Sur chaque litre à $1^f,10$ que l'on vendra $0^f,90$, on perdra $1^f,10 - 0^f,90$ ou $0^f,20$.

Donc pour que le gain compense la perte, on devra prendre des nombres de litres $x$ et $y$ des vins de chaque espèce tels que l'on ait :

$$0,15 \times x = 0,20 \times y$$

d'où

$$\frac{x}{y} = \frac{0,20}{0,15} = \frac{4}{3} .$$

Partageant maintenant 1400 en parties proportionnelles à 4 et 3, on trouve qu'on devra prendre :

$$\frac{1400 \times 4}{4 + 3} \text{ ou 800 litres de vin à } 0^f,90$$

et

$$\frac{1400 \times 3}{4 + 3} \text{ ou 600 litres de vin à } 1^f,10.$$

## ALLIAGES.

**223. Définition.** — On nomme *titre* d'un lingot le rapport du poids du métal précieux (or ou argent) qu'il renferme au poids total du lingot.

**224. Problème I.** — *On fond ensemble plusieurs lingots ayant pour poids* p, p', p'', . . . *et pour titres respectifs* 0, 0', 0'', . . . . *déterminer le titre de l'alliage résultant.*

Le 1er lingot renferme une quantité de métal précieux égale à $p \times 0$, car par définition, $p = \dfrac{\text{poids métal précieux}}{\theta}$ .

Le 2e lingot renferme une quantité de métal précieux égale à $p' \times 0'$,

Le 3e, une quantité égale à $p'' \times 0''$.

. . . . . . . . . . . . . . . . . . .

Donc tous ces lingots réunis dont le poids est $p + p' + p''$ . . . . renferment une quantité de métal précieux égale à

$$p \times 0 + p' \times 0' + p'' \times 0'' + \ldots$$

Le titre demandé est donc :

$$\frac{p \times 0 + p' \times 0' + p'' \times 0'' + \ldots}{p + p' + p'' + \ldots},$$

c'est-à-dire est égal à la somme des produits des poids des lingots par leurs titres respectifs divisée par la somme de leurs poids.

**225. Problème II.** — *Dans quelle proportion faut-il allier de l'or ayant pour titre* t, *avec de l'or ayant pour titre* t', *pour que l'alliage résultant ait pour titre* 0 ? *On suppose* t $>$ 0 $>$ t'.

Chaque gramme au titre $t$ contient $t - 0$ d'or en trop par rapport au titre 0, et chaque gramme au titre $t'$ contient $0 - t'$ d'or en moins par rapport au titre 0, il faut donc pour qu'il y ait compensation prendre des poids $x$ et $y$ de l'un et l'autre lingots tels que l'on ait : $x\,(t - 0) = y\,(0 - t')$, d'où :

$$\frac{x}{y} = \frac{0 - t'}{t - 0}.$$

Si l'on donne le poids P du lingot que l'on veut former, on n'a plus pour avoir $x$ et $y$ qu'à partager P proportionnellement à $0 - t'$ et $t - 0$.

Exemple I. — *Former 600 grammes d'or au titre de 0,900 avec de l'or au titre de 0,935, et de l'or au titre de 0,875.*

Chaque gramme d'or au titre de 0,935 contient 0,035 d'or en trop par rapport au titre de 0,900; d'un autre côté, il manque à chaque gramme d'or au titre de 0,875, 0,025 d'or pour arriver au titre de 0,900. Donc pour qu'il y ait compensation, on devra prendre des nombres de grammes $x$ et $y$ des deux lingots tels que l'on ait :

$$x \times 0{,}035 = y \times 0{,}025$$

d'où

$$\frac{x}{y} = \frac{0{,}025}{0{,}035} = \frac{5}{7}.$$

Il reste à partager 600 en parties proportionnelles à 5 et 7. On trouve ainsi que l'on devra prendre :

$$\frac{600 \times 5}{5 + 7}$$ ou 250 grammes d'or au titre de 0,935

et

$$\frac{600 \times 7}{5 + 7}$$ ou 350 grammes d'or au titre de 0,875.

EXEMPLE II. — *Combien faut-il ajouter de cuivre à* 630 *grammes d'or au titre de* 0,935 *pour que le titre de l'alliage résultant soit égal à* 0,900 ?

Les 630 grammes contiennent par rapport au titre de 0,900, une quantité d'or en excès égale à $630 \times 0,035$. — D'autre part, le titre du cuivre par rapport à l'or est égal à zéro : donc si l'on prend $x$ grammes de cuivre, il leur manquera $x \times 0,900$ pour arriver au titre voulu. On devra donc avoir :

$$630 \times 0,035 = x \times 0,900$$

d'où

$$x = \frac{630 \times 0,035}{0,900} = 24^{gr},50.$$

EXEMPLE III. — *Combien faut-il ajouter d'argent pur à un lingot au titre de* 0,875 *pesant* 720 *grammes pour que le titre de ce lingot devienne* 0,900 ?

Pour arriver au titre voulu, il manque aux 720 grammes du lingot une quantité d'argent égale à $720 \times 0,025$. — D'un autre côté, le titre de l'argent pur étant égal à 1, si l'on prend $x$ grammes d'argent pur, ils renfermeront en excès $x \times 0,100$ par rapport au titre de 0,900. Il faudra donc que l'on ait :

$$720 \times 0,025 = x \times 0,100$$

d'où

$$x = \frac{720 \times 0.025}{0,100} = 180 \text{ grammes.}$$

# CHAPITRE VIII

OPÉRATIONS ABRÉGÉES. — ERREURS RELATIVES.

## OPÉRATIONS ABRÉGÉES.

**226. Addition abrégée.** — Pour obtenir la somme de plusieurs nombres à moins d'une unité d'un certain ordre, on supprime dans chacun d'eux les chiffres qui suivent celui exprimant des unités dix fois moindres que l'approximation donnée. On fait ensuite l'addition de la manière ordinaire, on supprime le dernier chiffre à droite du résultat et l'on force d'une unité le chiffre qui le précède.

Soit à trouver à moins de 0,01 la somme des nombres :

$$32,52678....\qquad 1,9284....\qquad 3,567821...$$

On additionne ces nombres en s'arrêtant au chiffre des millièmes,

$$
\begin{array}{r}
32,526 \\
1,928 \\
3,567 \\
\hline
38,021
\end{array}
$$

Le résultat de l'opération est 38,03 à moins de 0,01.

En effet, si l'on nomme S la valeur exacte de la somme des nombres proposés, on a :

$$38,021 < S < 38,021 + 0,003,$$

car l'erreur commise sur chacun des 3 nombres est moindre que 0,001. *A fortiori* on a :

$$38,02 < S < 38,03.$$

Donc 38,03 représente bien la valeur de S à moins de 0,01.

Le résultat obtenu ici est une valeur par excès car la première suite d'inégalités donne $S < 38,024$. Lorsque l'addition de la limite supérieure des erreurs commises sur les nombres affecte dans la somme le chiffre de l'approximation, on ne peut dire si le résultat est obtenu par défaut ou par excès.

REMARQUE. — La règle qui vient d'être indiquée suppose qu'il n'y a pas plus de 10 nombres à additionner : s'il y en avait plus de 10 et pas plus de 100, on devrait supprimer dans chacun d'eux seulement les chiffres qui suivent celui exprimant des unités 100 fois moindres que l'approximation donnée.

**227. Soustraction abrégée.** — On supprime dans les deux nombres les chiffres qui suivent celui représentant des unités de même espèce que l'approximation indiquée, puis on opère de la manière ordinaire. Il est clair que le résultat que l'on obtient ainsi représente le nombre demandé.

**228. Multiplication abrégée.** — *Pour trouver le produit de deux nombres à moins d'une unité d'un certain ordre donné, on écrit le chiffre des unités du multiplicateur sous le chiffre du multiplicande qui exprime des unités cent fois plus petites que celles de l'approximation ; on écrit les autres chiffres dans un ordre renversé en s'arrêtant à celui qui se trouve placé sous le premier chiffre à gauche du multiplicande. On multiplie ensuite le multiplicande par chacun des chiffres du multiplicateur, mais en commençant par le chiffre placé immédiatement au-dessus de celui par lequel on multiplie. On écrit les produits partiels les uns au-dessous des autres, de telle sorte que leurs premiers chiffres à droite soient dans la même colonne verticale. On additionne le tout et l'on supprime les deux derniers chiffres à droite de la somme, on force enfin le dernier chiffre conservé et, plaçant la virgule au rang qu'elle doit occuper, on a le produit demandé.*

Soit proposé de trouver à moins de 0,01 le produit des deux nombres :

$$25,26784329 \quad \text{et} \quad 32,567865256.$$

Ayant disposé le calcul suivant les indications précédentes, on reconnaît aisément que chaque produit partiel, et par suite que le produit total, exprime des dix-millièmes. Ce produit total modifié comme on l'a indiqué est 822,92. On va prouver que 822,92 est bien le produit des deux nombres proposés à moins de 0,01.

$$25,267\ 843\ 29$$
$$68\ 765,23$$

$$75805\ 52$$
$$5053\ 56$$
$$1262\ 35$$
$$151\ 56$$
$$17\ 64$$
$$2\ 00$$
$$12$$

Résultat : 822,92

$$822,9175$$

L'erreur commise sur le premier produit partiel est moindre que 0,0003 puisqu'on a négligé de multiplier par 3 dizaines une partie du multiplicande moindre que 0,00001. L'erreur commise sur le second produit partiel est moindre que 0,0002, puisqu'on a négligé de multiplier par 2 unités une quantité moindre que 0,0001.

De même sur les produits suivants les erreurs sont respectivement moindres que 5, 6, 7, 8 et 6 dix-millièmes.

D'autre part l'erreur commise en négligeant tous les chiffres du multiplicateur qui suivent le dernier chiffre employé 6, est moindre que 0,0003, car l'ensemble de ces chiffres a une valeur inférieure à 0,00001 et le multiplicande est moindre que 3 dizaines.

L'erreur sur le produit 822,9175 est donc moindre que

$$3 + 2 + 5 + 6 + 7 + 8 + 6 + (2 + 1) \text{ dix-millièmes,}$$

c'est-à-dire moindre qu'un nombre de dix-millièmes marqué par la somme des chiffres du multiplicateur employés, augmentée du premier chiffre à gauche du multiplicande plus un.

Cette somme vaut ici 0,0040 quantité moindre que 0,01. En appelant P le produit exact des nombres proposés, on aura donc :

$$822,9175 < P < 822,9175 + 0,0040,$$

ou

$$822,9175 < P < 822,9215$$

et à fortiori

$$822,91 < P < 822,93.$$

822,92 est donc bien à moins de 0,01 la valeur de P, mais on ne saurait dire ici quel est le sens de l'erreur, attendu que l'addition de 0,0040 a affecté le chiffre des centièmes du produit 822,9175. — Si cette somme avait laissé intact ce chiffre, le résultat eût été obtenu par excès.

REMARQUE I. — Lorsque le multiplicande ne renferme pas assez de chiffres pour qu'on puisse disposer convenablement le multiplicateur, on y supplée au moyen de zéros.

EXEMPLE. — Soit à trouver à 0,001 près le produit de 7,23425 par 356, 3428.

On dispose le calcul ainsi :

$$
\begin{array}{r}
7,2342\ 500 \\
8243,653 \\
\hline
217027\ 500 \\
36171\ 250 \\
4340\ 550 \\
217\ 026 \\
28\ 936 \\
1\ 446 \\
576 \\
\hline
2577,87284
\end{array}
$$

Résultat : 2577,873

La somme des erreurs commises est ici moindre que $3 + 4 + 2 + 8$ cent-millièmes. Il n'y a pas en effet d'erreur sur les 3 premiers produits partiels, et d'autre part comme on n'a rien laissé de côté dans le multiplicateur, on n'a pas à faire entrer dans le compte des erreurs le premier chiffre à gauche du multiplicande augmenté de un.

REMARQUE II. — Si la somme qui donne la limite supérieure de l'erreur était plus grande que cent, il faudrait placer le chiffre des unités du multiplicateur sous celui qui exprime dans le multiplicande des unités mille fois plus petites que celles d'approximation, et supprimer au résultat 3 chiffres au lieu de 2.

**229. Division abrégée.** — Nous ferons remarquer au préalable que si l'on veut trouver le quotient de la division de deux nombres à moins d'une unité d'un certain ordre, on peut toujours ramener l'opération à la recherche du quotient de deux nombres à moins d'une unité, et cela en multipliant le dividende ou le divisant par une puissance de 10 convenablement choisie.

Ainsi par exemple, si l'on veut le quotient de 27,4287654 par 5,678932 à moins de 0,01, on multipliera le dividende par 100 et l'on divisera 2742,87654 par 5,678932 : le quotient renfermera autant d'unités que le quotient demandé doit renfermer de centièmes. On n'aura donc pour obtenir le résultat qu'à évaluer le quotient à moins d'une unité et qu'à lui faire ensuite exprimer des centièmes. Nous n'avons par suite à nous occuper que de la recherche d'un quotient à moins d'une unité.

**Règle.**—*Pour trouver le quotient de deux nombres à moins d'une unité, on commence par déterminer le nombre des chiffres du quotient ; on multiplie ce nombre par le nombre invariable* 9, *et l'on sépare sur la gauche du diviseur sans prendre garde à la virgule le plus petit nombre capable de contenir ce produit. A la droite de ce nombre qui sera le dernier diviseur on prend encore autant de chiffres moins un que doit en renfermer le quotient et l'on barre ceux qui viennent à la suite : on a ainsi formé le premier diviseur.*

*Sur la gauche du dividende on prend un nombre qui contienne le premier diviseur au moins une fois et moins de* 10 *fois (toujours sans prendre garde à la virgule), et l'on barre les chiffres suivants : on a ainsi le premier dividende. Enfin lorsque la virgule ne se trouve pas immédiatement à droite du premier dividende, on l'y amène, et en même temps on la déplace de la même manière dans le diviseur, de telle sorte que les conditions de l'opération ne se trouvent pas changées par cette dernière modification (\*).*

*Ceci fait, on divise le premier dividende par le premier diviseur, ce qui donne le premier chiffre du quotient. On retranche du premier dividende le produit du premier diviseur par ce chiffre et l'on divise le reste par le diviseur après avoir barré le dernier chiffre à droite de celui-ci ; on a ainsi le second chiffre du quotient. On continue ainsi en barrant chaque fois un chiffre à droite du diviseur employé jusqu'à ce qu'on ait obtenu au quotient le nombre de chiffres que l'on devait y trouver.*

---

(\*) Ce mouvement des virgules, inutile pour la pratique de la division, présente cet avantage, que, dans tous les cas, les erreurs que la règle conduit à évaluer sont exprimées en unités simples.

Soit à chercher à moins d'une unité le quotient de 2742,87654 par 5,678932.

$$
\begin{array}{c|c}
27428,7654 & 56,78932 \\
4716 & \overline{483} \\
180 & \\
12 & \\
\end{array}
$$

Le quotient demandé aura 3 chiffres : or $3 \times 9 = 27$, le dernier diviseur sera donc 5,6, et le premier sera 5,678. Le premier dividende est donc 2742,8. Transportant la virgule à sa droite, il devient 27428 ; la transportant également d'un rang dans le premier diviseur, ce dernier devient 56,78. Le quotient de la division du premier dividende par le premier diviseur est 4 et il reste 4716. Ce nombre divisé par 567 donne 8 pour quotient et 180 pour reste. Enfin ce dernier reste divisé par 56 donne 3 pour quotient et 12 pour reste.

On va démontrer que 483 est à moins d'une unité le quotient de 27428,7654 par 56,78932 et par suite est le quotient demandé.

Nommons pour abréger D le dividende, $d$ le diviseur et R le reste 12 suivi de la partie décimale négligée 7654. Remarquons que ce reste est l'excès du dividende sur le produit P du diviseur par 483, produit effectué comme il est facile de s'en rendre compte par la méthode abrégée de multiplication. On peut donc écrire en représentant par $e$ la différence entre ce produit et le produit exact, c'est-à-dire l'erreur commise :

$$D = P + R \quad \text{et} \quad P = d \times 483 - e,$$

d'où

$$D = d \times 483 - e + R,$$

et

$$\frac{D}{d} = 483 - \frac{e}{d} + \frac{R}{d}. \tag{1}$$

Il résulte de cette dernière égalité que si $\dfrac{e}{d}$ et $\dfrac{R}{d}$ sont l'un et l'autre moindres que un, 483 sera bien à moins d'une unité le quotient des deux nombres proposés.

Il est d'abord évident que l'on a $\dfrac{R}{d} < 1$. D'autre part la quantité $e$ exprime l'erreur commise en opérant une multiplication abrégée dans laquelle le chiffre des unités du multipli-

cateur se trouve correspondre à celui des unités du multiplicande, ce qui ressort immédiatement de l'opération. On a donc
$e < 3+8+4$ unités. On a *à fortiori* $e < 9+9+9$ ou $3 \times 9$ unités
et *à fortiori* encore $e < d$ puisqu'on a pris le dernier diviseur
56 au moins égal à $3 \times 9$. Le nombre $\dfrac{e}{d}$ est donc plus petit que
1, et 483 est bien le quotient demandé.

Lorsque R est plus grand que la limite supérieure de $e$, c'est-
à-dire que la somme des chiffres trouvés au quotient, on voit
par la relation (1) que le quotient est obtenu par défaut. —
Mais si R est moindre que cette limite, on ne saurait dire s'il est
moindre que $e$ ou s'il lui est supérieur; on n'est donc pas alors
fixé sur le sens de l'approximation du quotient trouvé, c'est ce
qui arrive dans l'exemple précédent où l'on a

$$R = 12,7654 \text{ et } e < 15.$$

REMARQUE I. — Il peut arriver que, dans le cours d'une division, l'un des dividendes contienne 10 fois le diviseur corres-
dant. On termine alors l'opération en augmentant d'une unité
le dernier chiffre écrit au quotient et en mettant à sa droite
autant de zéros qu'il restait de chiffres à trouver.

EXEMPLE. — Trouver à moins d'une unité le quotient de
87074,278 par 72,5632.

```
87074,278 | 72,5632
14511     | 11(10)0
7255      |
   5      |
Quotient = 1200
```

Le premier et le second chiffre du quotient sont égaux à
l'unité. Le reste 7255 inférieur au diviseur 7256 contient 10
fois le diviseur suivant 725, et il est clair que, soustraction
faite, le reste ne peut contenir qu'un seul chiffre, de sorte que les
chiffres à trouver encore dans le quotient ne peuvent être que
des zéros. Le quotient se compose donc de un mille, une centaine et dix dizaines ou de un mille et deux centaines.

L'explication qui a été donnée de la règle n'est pas infirmée
ici, car la somme des chiffres du quotient est inférieure à
$4 \times 9$. — Il ne pourrait y avoir doute que si tous les chiffres
étant égaux chacun à 9, le dernier quotient était 10. Mais alors

la règle donne pour quotient l'unité suivie de zéros et il est facile de reconnaître tout de suite si ce résultat est dans les conditions voulues ou s'il faut le diminuer d'une unité.

REMARQUE II. — S'il n'y a pas assez de chiffres pour former le premier diviseur, on y supplée au moyen de zéros.

**230. Racine carrée abrégée.** — Lorsque l'on a obtenu plus de la moitié des chiffres de la racine carrée d'un nombre entier, on peut trouver les autres par une simple division.

Soit N un nombre entier et supposons qu'ayant opéré suivant la méthode ordinaire, on ait trouvé plus de la moitié des chiffres de la partie entière de sa racine. Soit $a$ le nombre formé par les chiffres trouvés suivis d'autant de zéros qu'il reste de chiffres entiers à trouver, et désignons par $x$ la quantité commensurable ou incommensurable qu'il faut ajouter à $a$ pour avoir la valeur exacte de la racine du nombre. Nous aurons :

$$N = (a + x)^2 = a^2 + 2ax + x^2,$$

d'où

$$\frac{N - a^2}{2a} = x + \frac{x^2}{2a} \cdot$$

Ayant retranché $a^2$ de N et divisant le reste par $2a$, il vient, en nommant $q$ le quotient et $r$ le reste :

$$\frac{N - a^2}{2a} = q + \frac{r}{2a} \cdot$$

On a donc :

$$q + \frac{r}{2a} = x + \frac{x^2}{2a} ,$$

d'où

$$q = x + \frac{x^2}{2a} - \frac{r}{2a} \cdot \qquad (1)$$

Or en supposant que $x$ ait $n$ chiffres entiers, $x^2$ en a au plus $2n$ et comme $a$ en a au moins $n + 1$ suivis de $n$ zéros, c'est-à-dire au moins $2n + 1$, on a : $x^2 < 2a$, d'où $\frac{x^2}{2a} < 1$.

D'autre part on a aussi $\frac{r}{2a} < 1$, donc le quotient $q$ exprime bien à moins d'une unité ce qu'il faut ajouter à $a$ pour avoir $\sqrt{N}$.

Il résulte de l'égalité (1) que si l'on a $x^2 > r$, on a aussi $q > x$ et le résultat est obtenu par excès ;

De même, si l'on a $x^2 = r$, on a aussi $q = x$ et le résultat est exact ;

Enfin, si l'on a $x^2 < r$, on a aussi $q < x$ et le résultat est obtenu par défaut.

Or lorsque l'on a $x^2 > r$ et $q > x$, on a *a fortiori* $q^2 > r$.

Lorsque l'on a $x^2 = r$ et $q = x$, on a aussi $q^2 = r$ ;

Et lorsque l'on a $x^2 < r$ et $q < x$, on a *a fortiori* $q^2 < r$.

On reconnnnaîtra donc que le résultat est obtenu par excès, exactement ou par défaut, suivant que le carré du quotient sera supérieur, égal ou inférieur au reste de la division.

Remarque I. — Lorsqu'ayant trouvé un certain nombre de chiffres d'une racine carrée par la méthode abrégée, on veut obtenir le vrai reste de l'opération, c'est-à-dire l'excès du nombre proposé sur le carré de la racine trouvée, deux cas peuvent se présenter :

1° La racine $a + q$ est obtenue par défaut.

Alors le reste demandé vaut $N - (a + q)^2$ ; or $N = a^2 + 2aq + r$, donc le reste vaut $r - q^2$, c'est-à-dire est égal à l'excès du reste de la division sur le carré du quotient.

2° La racine $a + q$ est obtenue par excès, alors sa valeur par défaut est $a + q - 1$ et le reste vaut $N - (a + q - 1)^2$. Remplaçant N par $a^2 + 2aq + r$ et simplifiant, on a pour le reste demandé $r + (2a + 2q - 1) - q^2$. Il s'obtient donc alors en ajoutant au reste de la division le diviseur, plus deux fois le quotient moins un et en retranchant du résultat le carré du quotient.

Remarque II. — Lorsque le premier chiffre de la racine est 5 ou supérieur à 5, il suffit pour appliquer la méthode abrégée d'évaluer par la méthode ordinaire la moitié des chiffres de la racine. Dans ce cas, en effet, $a$ ayant $2n$ chiffres, $2a$ en a $2n + 1$ et le raisonnement qui précède est encore applicable.

Exemple. — *Extraire la racine carrée de 2 avec n chiffres décimaux.*

Plaçons à la droite du nombre 2, $2n$ zéros et calculons d'abord les trois premiers chiffres de la racine par la méthode ordinaire.

Nous trouverons ainsi pour racine 141 et pour reste 119.

Pour calculer les deux chiffres suivants, divisons 1190000 par le double de 141 suivi de 2 zéros, ou 28200.

Le quotient est 42 et le reste 5600.

Or le carré de 42 est 1764, nombre inférieur à 5600, donc 14142 est la racine par défaut du nombre 200000000.

Retranchant 1764 de 5600, nous avons pour reste le nombre 3836 qui représente l'excès de 200000000 sur le carré de 14142 (Remarque I. 1°). En divisant ce reste suivi de 8 zéros par le double de 14142 suivi de 4 zéros, c'est-à-dire par 282840000, le quotient 1356 nous fournit encore 4 chiffres de la racine, laquelle est ainsi 141421356.

Le reste de la division est 68960000, nombre plus grand que le carré du quotient 1356 ; la racine est donc obtenue par défaut et si nous retranchons de 68960000 le carré de 1356, le reste 67121264, représentera l'excès du nombre 20000000000000000 sur le carré de 141421356.

Ayant déjà 9 chiffres de la racine, nous pourrons obtenir les 8 suivants et ainsi de suite. Nous avons ainsi pour résultat

$$\sqrt{2} = 1,41421356\ldots\ldots$$

## ERREURS RELATIVES.

**231. Définitions.** — On nomme *erreur absolue* la différence qui existe entre la valeur approchée d'un nombre et la valeur exacte de ce nombre.

On nomme *erreur relative* le rapport de l'erreur absolue au nombre exact.

Ainsi $\varepsilon$ étant l'erreur relative, $e$ l'erreur absolue et N le nombre exact, on a : $\varepsilon = \dfrac{e}{N}$.

**232. Théorème I.** — *Si dans un nombre approché le premier chiffre significatif à gauche est exact ainsi qu'un certain nombre de chiffres à la suite, l'erreur relative est moindre qu'une fraction ayant pour numérateur l'unité et pour dénominateur le premier chiffre significatif à gauche multiplié par* *une puissance de* 10 *marquée par le nombre des chiffres exacts après lui.*

Soit en effet le nombre approché 36,574 dont l'erreur absolue est moindre que 0,001, c'est-à-dire dont les chiffres sont exacts jusqu'à celui des millièmes inclusivement. On sait que $\varepsilon = \dfrac{e}{N}$, N étant le nombre exact : or on a : $e < 0,001$ et $N > 30$, donc on aura $\varepsilon < \dfrac{0,001}{30}$ ou $\varepsilon < \dfrac{1}{30000}$, ou enfin

$$\varepsilon < \frac{1}{3 \times 10^4}.$$

Ce qu'il fallait démontrer.

**233. Théorème II.** — *Lorsque l'erreur relative d'un nombre approché est moindre qu'une fraction ayant pour numérateur l'unité et pour dénominateur un chiffre quelconque multiplié par une puissance de* 10, *on peut compter sur l'exactitude d'autant de chiffres à partir du premier chiffre significatif à gauche du nombre qu'il y a d'unités dans l'exposant de la puissance de* 10. *On peut compter sur un chiffre de plus, lorsque le premier chiffre significatif à gauche du nombre est moindre que le premier chiffre du dénominateur de l'erreur relative.*

Soit d'abord le nombre 437,56784.... que nous supposons affecté d'une erreur relative moindre que $\dfrac{1}{2 \times 10^4}$.

Puisque $\varepsilon = \dfrac{e}{N}$, on a $\dfrac{e}{N} < \dfrac{1}{2 \times 10^4}$ d'où $e < \dfrac{N}{2 \times 10^4}$ et *à fortiori*, $e < \dfrac{2000}{2 \times 10^4}$ car N est $< 2000$.

Simplifiant, il vient : $e < 0,1$, et par suite on peut compter sur l'exactitude des chiffres du nombre jusqu'à celui des dixièmes, c'est-à-dire sur 4 chiffres.

Soit encore le même nombre 437,56784.... et supposons maintenant que son erreur relative soit moindre que

$$\frac{1}{5 \times 10^4}.$$

On aura :

$$\frac{e}{N} < \frac{1}{5 \times 10^4}$$

d'où

$$c < \frac{N}{5 \times 10^4} < \frac{500}{5 \times 10^4}$$

et enfin

$$c < 0,01.$$

On peut donc ici compter sur l'exactitude des 5 premiers chiffres du nombre.

COROLLAIRE. — Lorsque l'on a besoin de connaître un nombre avec $m$ chiffres exacts et que le premier chiffre de ce nombre est $a$, il suffit de faire en sorte que son erreur relative soit moindre que $\dfrac{1}{(a+1) \times 10^{m-1}}$.

REMARQUE. — Si l'on a reconnu que dans un nombre dont la limite de l'erreur relative est donnée, $m$ chiffres sont exacts, on peut supprimer les chiffres qui suivent le $m^{\text{ième}}$. Seulement si le nombre est approché par défaut, on aura soin d'augmenter d'une unité le $m^{\text{ième}}$ chiffre, afin qu'en tous cas, l'erreur absolue du nombre conservé soit moindre qu'une unité de l'ordre de son dernier chiffre.

**234. Théorème III.** — *L'erreur relative du produit de deux facteurs l'un exact, l'autre approché, est égale à l'erreur relative du facteur approché* (*).

Soient $a$ et $b$ deux nombres exacts, $b'$ un nombre approché tel que l'on ait $b' = b - \beta$. $\beta$ est l'erreur absolue du nombre $b'$ et $\dfrac{\beta}{b}$ en est l'erreur relative.

Or

$$a \times b' = a\,(b - \beta) = ab - a\beta.$$

L'erreur absolue du produit $a \times b'$ est donc $a\beta$ et son erreur relative est $\dfrac{a\beta}{ab}$ ou $\dfrac{\beta}{b}$, c'est-à-dire est la même que celle du facteur $b'$, ce qu'il fallait démontrer.

**235. Théorème IV.** — *L'erreur relative du produit de deux facteurs approchés est sensiblement égale à la somme ou à la différence des erreurs relatives des facteurs.*

---

(*) Les erreurs relatives appliquées à l'addition et à la soustraction ne donnent rien de pratique. Nous ne nous en occuperons pas.

Soient $a$ et $b$ deux nombres exacts, $a'$ et $b'$ deux nombres approchés tels que $a' = a - \alpha$, $b' = b - \beta$. L'erreur relative de $a'$ est $\dfrac{\alpha}{a}$, celle de $b'$ est $\dfrac{\beta}{b}$.

Or on a (39. Corollaire II) :

$$a' \times b' = (a - \alpha)(b - \beta) = ab - \alpha b - a\beta + \alpha\beta.$$

L'erreur absolue du produit $a' \times b'$ est donc $\alpha b + a\beta - \alpha\beta$, et son erreur relative est

$$\frac{\alpha b + a\beta - \alpha\beta}{ab} = \frac{\alpha}{a} + \frac{\beta}{b} - \frac{\alpha\beta}{ab} .$$

Supprimant $\dfrac{\alpha\beta}{ab}$ qui est généralement fort petit, on voit que l'on a sensiblement :

$$\text{erreur relative du produit} = \frac{\alpha}{a} + \frac{\beta}{b} .$$

Si les deux facteurs étaient approchés par excès, on trouverait pour l'erreur relative du produit, $\dfrac{\alpha}{a} + \dfrac{\beta}{b} + \dfrac{\alpha\beta}{ab}$ ; négligeant $\dfrac{\alpha\beta}{ab}$, on aurait encore $\dfrac{\alpha}{a} + \dfrac{\beta}{b}$.

Si les facteurs sont approchés l'un par excès, l'autre par défaut, on trouve, en suivant la même marche, que l'erreur relative du produit est essentiellement égale à $\dfrac{\alpha}{a} - \dfrac{\beta}{b}$ ou $\dfrac{\beta}{b} - \dfrac{\alpha}{a}$, c'est-à-dire à la différence des erreurs relatives des facteurs.

Le théorème est donc démontré.

**236. Conséquences.** — *L'erreur relative du produit de plusieurs facteurs approchés est sensiblement égale à la somme des erreurs relatives des facteurs, ou à la somme de certaines de ces erreurs diminuée de la somme des autres.*

*L'erreur relative du carré ou du cube d'un nombre approché est sensiblement le double ou le triple de l'erreur relative du nombre.*

*L'erreur relative de la racine carrée ou cubique d'un nombre approché est sensiblement la moitié ou le tiers de l'erreur relative de ce nombre.*

**237. Théorème V.** — *L'erreur relative du quotient de deux nombres approchés est sensiblement égale à la somme ou à la différence des erreurs relatives du dividende et du diviseur.*

En effet le dividende étant le produit du diviseur par le quotient, son erreur relative est sensiblement la somme ou la différence de celles du diviseur et du quotient. Donc l'erreur du quotient est sensiblement la différence ou la somme de celles du dividende et du diviseur.

Remarques. — Si le dividende est exact et le diviseur approché, l'erreur relative du quotient est sensiblement égale à celle du diviseur et de sens contraire.

Si le dividende est approché et le diviseur exact, l'erreur relative du quotient est égale à celle du dividende et de même sens.

**238.** Nous considérerons généralement dans les applications l'erreur relative d'un produit ou d'un quotient comme étant sensiblement *la somme* des erreurs relatives des facteurs, ou *la somme* des erreurs relatives du dividende et du diviseur.

APPLICATIONS.

**239. Problème I.** — *Sur combien de chiffres exacts peut-on compter au produit des deux nombres 57,4329 et 7,4525, chacun de ces nombres étant approché à moins d'une unité de l'ordre de son dernier chiffre?*

D'après le théorème I (232), l'erreur relative du multiplicande est moindre que $\dfrac{1}{5 \times 10^5}$, et celle du multiplicateur est moindre que $\dfrac{1}{7 \times 10^5}$.

Donc d'après le théorème IV (235) l'erreur du produit sera moindre que

$$\frac{1}{5 \times 10^5} + \frac{1}{7 \times 10^5}$$

ou, en effectuant l'addition, moindre que

$$\frac{57}{35 \times 10^5} \quad \text{ou} \quad \frac{1}{\frac{350}{57} \times 10^4}$$

Mais le quotient de 350 par 57 est compris entre 6 et 7, donc à fortiori, l'erreur est moindre que

$$\frac{1}{6 \times 10^4}.$$

Or le premier chiffre du produit des nombres proposés est moindre que 6, on pourra donc compter dans ce produit sur 4+1 ou 5 chiffres exacts d'après le théorème II (233). Comme le produit renfermera 3 chiffres à la partie entière, le dernier chiffre exact sera donc celui des centièmes.

**240. Problème II.** — *Sur combien de chiffres exacts peut-on compter au quotient de la division de 65,42678 par 8,57, ces deux nombres étant approchés, chacun à moins d'une unité de l'ordre de son dernier chiffre?*

L'erreur relative du dividende est moindre que $\dfrac{1}{6 \times 10^6}$, et celle du diviseur, moindre que $\dfrac{1}{8 \times 10^2}$.

Donc (237) l'erreur relative du quotient sera moindre que

$$\frac{1}{6 \times 10^6} + \frac{1}{8 \times 10^2},$$

ou effectuant l'addition, moindre que

$$\frac{30004}{24 \times 10^6} \quad \text{ou} \quad \frac{1}{\frac{240000}{30004} \times 10^2}$$

Mais le quotient de 240000 par 30004 est compris entre 7 et 8, on aura donc à fortiori, l'erreur moindre que

$$\frac{1}{7 \times 10^2}.$$

Le premier chiffre du quotient des nombres proposés est un 7 : on ne pourra donc compter que sur l'exactitude des deux premiers chiffres de ce quotient (233).

**241. Problème III.** — *Le nombre 1,732 étant approché à moins de 0,001, quelle sera l'approximation de son cube?*

L'erreur relative du nombre proposé est moindre que $\dfrac{1}{10^3}$,
donc l'erreur relative de son cube sera moindre que $\dfrac{3}{10^3}$
(236), ou encore moindre que $\dfrac{1}{\dfrac{10}{3} \times 10^2}$ .

Mais le quotient de 10 par 3 est compris entre 3 et 4, on aura
donc *à fortiori* l'erreur moindre que

$$\frac{1}{3 \times 10^2} \cdot$$

Or le premier chiffre du cube de 1,732 est un 5, on ne pourra
donc compter que sur les deux premiers chiffres du résultat.

**242. Problème IV.** — *Le nombre* 3,1415 *étant approché à
moins de* 0,0001, *quelle sera l'approximation de sa racine
carrée ?*

L'erreur relative du nombre proposé est moindre que
$\dfrac{1}{3 \times 10^4}$, l'erreur relative de sa racine sera donc moindre
que $\dfrac{1}{6 \times 10^4}$ (236).

Or le premier chiffre de cette racine est un 1, on pourra
donc compter sur les 5 premiers chiffres, c'est-à-dire qu'on
l'aura à moins de 0,0001.

**243. Problème V.** — *Combien faut-il prendre de chiffres
dans les nombres* $\pi$ *et* $\sqrt{3}$ *pour avoir leur produit à moins
de* 0,01 ?

On a $\pi = 3,1415926....$ et $\sqrt{3} = 1,732050807....$

Le produit demandé aura pour premier chiffre 5 et ne renfermera qu'un chiffre entier : on le veut donc avec 3 chiffres
exacts.

Il suffira alors, son premier chiffre étant 5, de faire en sorte
que son erreur relative soit moindre que $\dfrac{1}{6 \times 10^2}$ (233. Corollaire).

Il suffira donc de prendre dans l'un et l'autre facteur un
nombre de chiffres tel que chacun de ces facteurs soit affecté

d'une erreur relative moindre que la moitié de $\dfrac{1}{6 \times 10^2}$, c'est-à-dire moindre que $\dfrac{1}{12 \times 10^2}$, car alors la somme de ces erreurs, ou l'erreur relative du produit sera moindre que $\dfrac{1}{6 \times 10^2}$.

En prenant $\pi = 3,141$, l'erreur relative sera moindre que $\dfrac{1}{3 \times 10^3}$ et à *fortiori* moindre que $\dfrac{1}{12 \times 10^2}$. De même, en prenant $\sqrt{3} = 1,7320$, l'erreur sera moindre que $\dfrac{1}{10^4}$ et à *fortiori* moindre que $\dfrac{1}{12 \times 10^2}$. Donc on multipliera 3,141 par 1,7320 et l'on sera sûr de l'exactitude du résultat jusqu'au chiffre des centièmes inclusivement.

**244. Problème VI.** — *Combien faut-il prendre de chiffres dans chacun des nombres* 47,25678983?5 *et* 2,71781742 *pour que le quotient de leur division soit obtenu à moins de* 0,01 ?

Ce quotient a pour premier chiffre 1 et contient 2 chiffres entiers, on veut donc l'obtenir avec 4 chiffres exacts.

Il suffit pour cela, le premier chiffre étant 1, de faire en sorte que l'erreur relative du résultat soit moindre que $\dfrac{1}{2 \times 10^3}$.

Pour cela, nous prendrons dans chacun des nombres proposés assez de chiffres pour que l'erreur relative de l'un et l'autre soit moindre que la moitié de $\dfrac{1}{2 \times 10^3}$ ou $\dfrac{1}{4 \times 10^3}$. Nous serons conduits ainsi à diviser 47,25 par 2,7178 et à pousser l'opération jusqu'au chiffre des centièmes.

**245. Problème VII.** — *Combien faut-il prendre de chiffres dans le nombre* $\pi$ *pour que le carré de ce nombre soit obtenu à moins de* 0,001 ?

$\pi = 3,1415926....$ le carré de ce nombre a pour premier chiffre 9 et il ne renferme qu'un chiffre à sa partie entière. On veut donc l'obtenir avec 4 chiffres exacts.

Il suffit pour cela de prendre dans $\pi$ le nombre de chiffres convenable pour que l'erreur relative soit moindre que la moitié de $\dfrac{1}{(9+1)\times 10^3}$, c'est-à-dire que $\dfrac{1}{2\times 10^4}$. On prendra donc $\pi = 3,1415$.

**246. Problème VIII.** — *Combien faut-il prendre de chiffres dans $\sqrt{3}$ pour avoir la racine carrée de ce nombre à moins de 0,01 ?*

$\sqrt{3} = 1,732050807\ldots$, la racine carrée de ce nombre a un seul chiffre entier, l'unité ; on la veut donc avec 3 chiffres exacts.

Il suffit pour cela de calculer le résultat demandé de telle sorte que son erreur relative soit moindre que $\dfrac{1}{2\times 10^2}$, et, par suite de prendre dans $\sqrt{3}$ le nombre de chiffres convenable pour que l'erreur relative soit moindre que le double de $\dfrac{1}{2\times 10^2}$, c'est-à-dire que $\dfrac{1}{10^2}$. On est ainsi conduit à prendre $\sqrt{3} = 1,73$ et à extraire la racine carrée en allant jusqu'aux centièmes.

**247. Problème IX.** — *Calculer à moins de 0,01 la valeur de l'expression $\sqrt{7 + \sqrt{3}}$.*

La partie entière aura un chiffre qui est 2 : on veut donc 3 chiffres exacts au résultat. Il suffit pour cela que l'erreur relative de ce résultat soit moindre que $\dfrac{1}{3\times 10^2}$. On calculera par suite $7 + \sqrt{3}$ avec une erreur relative double, c'est-à-dire moindre que $\dfrac{2}{3\times 10^2}$ ou $\dfrac{1}{\frac{3}{2}\times 10^2}$. Or le quotient de 3 par 2 est compris entre 1 et 2, donc si l'on calcule $7 + \sqrt{3}$ avec une erreur relative moindre que $\dfrac{1}{2\times 10^2}$, cette erreur sera *à fortiori* moindre que $\dfrac{1}{\frac{3}{2}\times 10^2}$. Mais $7 + \sqrt{3} = 8,732\ldots$ En prenant 8,73, l'erreur est moindre que $\dfrac{1}{8\times 10^2}$ et *à fortiori* moindre que $\dfrac{1}{2 \times 10^2}$. On n'aura donc qu'à extraire la racine carrée de 8,73 en allant jusqu'aux centièmes.

**248.** Les exemples que nous venons de traiter indiquent la marche qu'il convient de suivre dans les questions d'approximation où l'on fait intervenir les erreurs relatives. — Nous énoncerons maintenant quelques règles pratiques dont on pourra faire un usage immédiat, seulement nous ferons observer que dans certains cas ces règles conduisent à prendre dans les nombres approchés qu'il s'agit de combiner un chiffre de plus qu'il n'est absolument nécessaire.

1° *Lorsque l'on veut obtenir avec* m *chiffres exacts le produit ou le quotient de deux nombres donnés avec une approximation indéfinie* ($\sqrt{2}$, $\sqrt{3}$...... *par exemple), il suffit de prendre dans chacun d'eux* m + 1 *chiffres si leur premier chiffre est supérieur à* 1, *et* m + 2 *chiffres, s'il est égal à* 1.

2° *Dans l'extraction de la racine carrée d'un nombre approché, il suffit pour avoir* m *chiffres exacts, d'en prendre* m *dans le nombre donné, si le premier chiffre de ce nombre est supérieur à* 4. *Dans le cas contraire, il suffit d'en prendre* m + 1.

3° *Même règle pour la racine cubique, en remplaçant le chiffre* 4 *par le chiffre* 3.

# QUESTIONS A RÉSOUDRE

---

*Opérations sur les nombres entiers.*

1. On nomme *complément* d'un nombre ce qu'il faut ajouter à ce nombre pour former une unité de l'ordre immédiatement supérieur à celui des plus hautes unités qu'il renferme : ceci posé, on demande de former les compléments des nombres suivants :

$$8. \quad 35. \quad 672. \quad 1450. \quad 28279. \quad 606000.$$

2. Un nombre B doit être retranché d'un nombre A ; on ajoute à ce dernier le complément de B : quelle quantité faut-il retrancher de la somme obtenue pour avoir le résultat de la soustraction demandée ?

3. Ayant multiplié l'un par l'autre deux nombres A et B, on recommence l'opération après avoir ajouté une unité au multiplicande et une unité au multiplicateur : de combien le nouveau produit différera-t-il du premier ?

4. Même question en supposant qu'on ait retranché une unité au multiplicande et une unité au multiplicateur.

5. Démontrer que dans un produit de trois facteurs, on peut intervertir de toutes les manières possibles l'ordre des facteurs.

6. Ayant divisé l'un par l'autre deux nombres A et B, on recommence l'opération après avoir ajouté une unité au diviseur : dans quel cas retrouvera-t-on le même quotient ?

7. Même question en supposant que l'on ajoute *m* unités au diviseur.

8. Ayant divisé l'un par l'autre deux nombres A et B, on divise le dividende A par le quotient Q obtenu : le quotient de cette nouvelle

division sera-t-il égal à B ? — Cette nouvelle division peut-elle servir de preuve à la première ?

9. Ecrire le nombre 56873 dans le système de numération ayant pour base 7.

10. Un certain nombre écrit dans le système de numération à base 7 se représente par 334515, quelle est sa valeur dans le système décimal?

11. Dans le système de numération à base 8 un certain nombre se représente par 6514 : comment s'écrirait-il dans le système à base 5 ?

12. En multipliant 517 par un certain nombre A, le produit est égal au multiplicande augmenté de 2068 unités : trouver la valeur du nombre A.

13. Partager 85000ᶠ entre 4 personnes de telle sorte que la première ait 4 fois plus que la seconde, la seconde 4 fois plus que la troisième, et celle-ci 4 fois plus que la dernière.

14. Partager 1000ᶠ entre trois personnes de telle sorte que la première ait 10ᶠ de plus que la seconde, et celle-ci 120ᶠ de plus que la troisième.

15. On partage une certaine somme d'argent entre trois personnes A, B et C :

$$\text{la somme des parts de A et B} = 425^f,$$
$$\text{celle des parts de A et C} = 510^f,$$
$$\text{et celle des parts de B et C} = 811^f.$$

On demande la valeur de la somme partagée et la part qu'a reçue chaque personne.

16. Trouver deux nombres connaissant leur somme 987 et leur différence 363.

17. La somme de deux nombres est égale à 852 et leur quotient est égal à 11 : on demande de trouver ces deux nombres.

18. La somme de deux nombres est égale à 294 ; en divisant le plus grand par le plus petit, on trouve 16 pour quotient et 5 pour reste : trouver ces deux nombres.

19. La différence de deux nombres est égale à 186 ; en divisant le plus grand par le plus petit, on trouve pour quotient 5 et pour reste 18 : trouver ces deux nombres.

20. Trouver deux nombres connaissant leur somme 215 et sachant que le plus grand est égal à trois fois leur différence.

21. On a payé une somme de 1350ᶠ avec 300 pièces de 5ᶠ et de 2ᶠ : combien a-t-on donné de pièces de chaque espèce ?

22. Un père a 27 ans de plus que son fils ; dans 5 ans son âge sera quadruple de celui de son fils : trouver l'âge actuel du père et celui du fils.

23. Deux mobiles partent de deux points A et B situés aux extrémités d'une droite AB ayant pour longueur 495 mètres, et marchent uniformément en allant l'un vers l'autre. Le premier a une vitesse de 16 mètres, et le second une vitesse de 17 mètres par seconde. Au bout de combien de temps et à quelle distance des deux points de départ se rencontreront-ils ?

24. Deux mobiles partent de deux points A et B situés sur une même droite et se dirigent dans le même sens. La distance AB est de 500 kilomètres; le mobile qui part du point A fait 10 kilomètres par heure et celui qui part du point B en fait 6. En supposant que ce dernier est parti deux heures après le premier, on demande à quelle distance des deux points de départ aura lieu la rencontre des mobiles.

25. Deux ouvriers travaillent ensemble ; pour 7 journées de travail du premier et 3 du second, ils reçoivent 47 francs, et pour 21 journées de travail du premier et 13 du second, ils reçoivent 157$^f$ : quel est le prix de la journée de travail de l'un et de l'autre ouvrier ?

26. Une personne veut faire fabriquer 720 objets de la même espèce; un ouvrier peut les fabriquer en 18 jours, un second en 24 jours, un troisième en 36 jours. Combien de temps les 3 ouvriers mettront-ils à fabriquer les 720 objets s'ils travaillent ensemble ?

27. Un bassin a une capacité de 210 hectolitres ; une fontaine peut le remplir en 14 heures, une seconde fontaine peut le remplir en 15 heures et une troisième en 35 heures : combien de temps les trois fontaines coulant ensemble mettront-elles pour remplir le bassin?

## Divisibilité.

28. Démontrer qu'un nombre est divisible par 4 lorsque la somme formée par le double du chiffre de ses dizaines et le chiffre de ses unités est divisible par 4.

29. Démontrer qu'un nombre est divisible par 8 lorsqu'en additionnant le quadruple du chiffre de ses centaines, le double du chiffre de ses dizaines et le chiffre de ses unités, on obtient une somme divisible par 8.

30. Indiquer comment on peut trouver le reste de la division d'un nombre par 6 sans faire l'opération. En déduire le caractère auquel on reconnaît qu'un nombre est divisible par 6.

31. Même question pour les nombres 7, 15, 18, 27, 33, 999.

32. Trouver le reste de la division d'une puissance donnée d'un nombre par l'un des diviseurs 5, 9, 11.

33. Démontrer que la différence entre deux nombres composés des mêmes chiffres significatifs est un multiple de 9.

34. Démontrer que si deux nombres renferment les mêmes chiffres significatifs de rang impair à partir de la droite, et aussi les mêmes chiffres significatifs de rang pair à partir également de la droite, la différence entre ces deux nombres est un multiple de 11.

35. Démontrer que la preuve par 9 ne révèle pas l'erreur commise dans une multiplication lorsque cette erreur provient d'une mauvaise disposition des produits partiels.

36. Dans le cas où les produits partiels d'une multiplication n'ont pas été placés convenablement les uns sous les autres eu égard aux unités qu'ils représentent, la preuve par 11 avertit-elle de l'erreur commise?

37. Enoncer le caractère de divisibilité par 11 sans y introduire une différence.

38. Démontrer que si deux nombres ne sont pas divisibles l'un et l'autre par 3, la différence de leurs carrés est un multiple de 3.

39. Démontrer que toute puissance de 12 divisée par 11 donne pour reste l'unité.

## Plus grand commun diviseur.

40. Le plus grand commun diviseur de deux nombres A et B est-il le même que celui du plus petit nombre B et du nombre A augmenté d'une ou plusieurs fois B ?

41. Le plus grand commun diviseur de trois nombres A, B, C est-il le même que celui des nombres A + mC, B et C ?

42. Le plus grand commun diviseur de deux nombres est-il le même que le plus grand commun diviseur entre le plus grand des deux nombres et le reste de sa division par le plus petit ?

43. Trouver deux nombres sachant que leur plus grand commun diviseur est 8 et que les quotients obtenus en opérant la recherche de ce plus grand commun diviseur sont successivement, et par ordre, 3, 1, 1, 2.

44. Déterminer le plus grand nombre qui donne pour reste 7 quand il divise 151 et 3 lorsqu'il divise 43.

45. Trouver deux nombres ayant pour somme 184 et pour plus grand commun diviseur 8.

46. Démontrer qu'étant donnés trois nombres A, B, C, si l'on cherche le plus grand commun diviseur D de A et B, puis le plus grand commun diviseur D' de B et C, le plus grand commun diviseur de D et D, est le plus grand commun diviseur des nombres A, B, C.

## Nombres premiers.

47. Démontrer que deux nombres entiers consécutifs sont premiers entre eux.

48. Démontrer que deux nombres impairs consécutifs sont premiers entre eux.

49. Démontrer que le produit de trois nombres entiers consécutifs est toujours multiple de 6.

50. Démontrer que $a$ représentant un nombre entier quelconque, le produit $a(a+1)(2a+1)$ est toujours divisible par 6.

51. Démontrer que le produit de deux nombres pairs consécutifs est toujours un multiple de 8.

52. Démontrer que le produit de trois nombres pairs consécutifs est toujours divisible par 48.

53. Démontrer que le produit de quatre nombres entiers consécutifs est toujours un multiple de 24.

54. Démontrer que $a$ et $b$ étant des nombres entiers, le produit $ab(a^2 + b^2)(a^2 - b^2)$ est toujours divisible par 30.

55. Démontrer que tout nombre premier autre que 2 et 3 est un multiple de 6 augmenté ou diminué d'une unité. La réciproque est-elle vraie?

56. Un nombre divisible par deux nombres entiers consécutifs est-il divisible par leur produit?

57. Un nombre divisible par trois nombres entiers consécutifs est-il divisible par leur produit?

58. Un nombre divisible par deux nombres impairs consécutifs est-il divisible par leur produit?

59. Un nombre divisible par trois nombres impairs consécutifs est-il divisible par leur produit?

60. Déterminer la plus haute puissance du nombre 7 qui entre dans le produit des mille premiers nombres entiers.

61. Décomposer le nombre 72 de toutes les manières possibles en un produit de deux facteurs. De combien de manières pourra-t-on effectuer la décomposition ?

62. Démontrer que les puissances impaires de 7 augmentées d'une unité sont des multiples de 8 et que les puissances paires diminuées d'une unité sont également des multiples de 8.

63. En cherchant le plus grand commun diviseur de deux nombres, on a trouvé pour reste un nombre premier absolu : combien de divisions reste-t-il à faire ensuite pour que l'opération soit terminée ?

64. Démontrer que si l'on fait le produit des $n$ premiers nombres entiers $n$ étant supérieur à 3, ce produit est toujours divisible par le $n + 1^e$ nombre entier, si ce nombre n'est pas premier, et ne l'est jamais si ce $n + 1^e$ nombre est premier.

65. Etant donnés deux nombres premiers absolus $a$ et $b$, on fait leur produit P : ceci posé, on demande de former la suite des nombres entiers inférieurs à P, non premiers avec lui. — Combien y a-t-il de ces nombres ? Combien y a-t-il de nombres inférieurs à P premiers avec lui ?

66. Etant donnés deux nombres A et B premiers entre eux, on demande si leur somme A + B et leur produit AB sont des nombres premiers entre eux.

67. Les nombres A et B étant premiers entre eux, en est-il de même des nombres A + B et $A^2 + AB + B^2$ ?

68. Démontrer que A et B étant deux nombres premiers absolus, leur somme et leur différence ont 2 pour plus grand commun diviseur.

69. Démontrer que A et B étant deux nombres premiers entre eux, les nombres A+B et $A^2 - AB + B^2$ ne peuvent avoir d'autre diviseur commun que 3.

70. Etant donnés quatre nombres A, B, C, D, on suppose A premier avec B et C premier avec D : ceci posé, on demande : 1° si le nombre $A \times D + B \times C$ peut être divisible par le produit $B \times D$ ; 2° si les deux nombres $A \times D + B \times C$ et $B \times D$ sont premiers entre eux.

71. Démontrer que les diviseurs d'un nombre N étant écrits par ordre de grandeur, le produit de deux diviseurs quelconques placés à égale distance des extrêmes est égal au nombre N.

72. Le plus grand commun diviseur de deux nombres A et B est-il le même que le plus grand commun diviseur de $A \times m$ et B, $m$ étant un nombre entier quelconque.

73. Le plus grand commun diviseur de $A^m$ et B est-il le même que celui de A et B ?

74. On a trouvé le plus grand commun diviseur de deux nombres A et B : quel sera le plus grand commun diviseur de $A^m$ et $B^m$ ?

75. Les trois nombres $m$A, B, C, ont-ils le même plus grand commun diviseur que les nombres A, B, et C ?

## Plus petit commun multiple.

76. Quelle est la plus petite puissance de 60 divisible par $72^3$ ?

77. Former le plus petit nombre possible ayant 6 diviseurs.

78. Former le plus petit nombre possible ayant 6 diviseurs, ce nombre étant une puissance de 2.

79. Démontrer que si l'on divise successivement le plus petit commun multiple de plusieurs nombres par ces nombres, les quotients que l'on obtient sont premiers entre eux.

80. Sur une route sont placées des bornes distantes l'une de l'autre de mille mètres, puis à partir de l'une d'elles, des poteaux distants les uns des autres de 84 mètres et des arbres espacés entre eux de 6 mètres : quelle est la plus petite distance à partir de cette borne à laquelle on rencontrera ensemble une borne, un poteau et un arbre ?

81. Un somme d'argent inférieure à $2500^f$ est composée de pièces de $5^f$, déterminer sa valeur sachant que si l'on compte les pièces 12 à 12, 18 à 18, 45 à 45, il en reste toujours 3, tandis qu'il n'en reste pas lorsqu'on les compte 11 à 11.

## Fractions ordinaires.

82. Réduire plusieurs fractions au plus petit numérateur commun.

83. Etant données plusieurs fractions ayant le même dénominateur, comment reconnaîtra-t-on qu'il est possible ou non de les amener à avoir un dénominateur commun plus petit ?

84. La fraction $\dfrac{a}{b}$ étant irréductible, la fraction $\dfrac{a+mb}{b}$ est-elle également irréductible ?

85. Démontrer que pour toute valeur entière de $a$, la fraction $\dfrac{2a+1}{3a+1}$ est irréductible.

86. La somme de deux fractions irréductibles est elle toujours une fraction irréductible ?

87. La somme de deux fractions irréductibles peut-elle être un nombre entier?

88. Dans quel cas la différence de deux fractions irréductibles est-elle une fraction irréductible?

89. Même question pour le produit et le quotient de deux fractions irréductibles.

90. Prouver qu'une fraction irréductible étant moindre que un, la fraction qu'il faut lui ajouter pour faire l'unité est elle-même une fraction irréductible.

91. Les deux nombres $a$ et $b$ étant premiers entre eux, la différence des fractions $\dfrac{1}{a}$ et $\dfrac{1}{b}$ est-elle une fraction irréductible?

92. Etant donnée une fraction irréductible $\dfrac{a}{b}$, prouver que la somme $\dfrac{a}{b} + \dfrac{a^2}{b^2}$ ne saurait être égale à un nombre entier.

93. Même question pour la somme $\dfrac{a}{b} + \dfrac{a^2}{b^2} + \dfrac{a^3}{b^3} + \ldots + \dfrac{a^n}{b^n}$.

94. Prouver que pour toute valeur entière de $a$, la fraction $\dfrac{2a+1}{2a(a+1)}$ est irréductible.

95. Peut-on trouver une fraction de la forme $\dfrac{1}{n}$ égale à la somme $\dfrac{1}{a} + \dfrac{1}{b}$, $a$ et $b$ étant des nombres premiers entre eux?

96. Même question pour la différence $\dfrac{1}{a} - \dfrac{1}{b}$.

97. Les produits des deux termes d'une fraction irréductible par une même fraction peuvent-ils être des nombres entiers?

98. Moyennant quelle condition le quotient d'un nombre entier par une fraction irréductible est-il un nombre entier?

99. La fraction $\dfrac{a-b}{a+b}$ est-elle irréductible, $a$ et $b$ étant deux nombres premiers entre eux?

100. Moyennant quelle condition une fraction $\dfrac{a}{b}$ divisée par une autre fraction $\dfrac{a'}{b'}$ donne-t-elle pour quotient un nombre entier?

**101.** Une fraction est équivalente à $\frac{21}{28}$, trouver ses deux termes, sachant que leur plus grand commun diviseur est égal à 12.

**102.** Parmi les fractions équivalentes à $\frac{7}{53}$, trouver celle dont les termes sont les plus simples, sachant que la différence entre les termes de la fraction demandée est un multiple de 4.

**103.** On ajoute 91 au numérateur de la fraction $\frac{7}{11}$, quel nombre faut-il ajouter au dénominateur pour que la valeur de la fraction reste la même?

**104.** On ajoute un certain nombre entier au numérateur d'une fraction, peut-on toujours trouver un nombre entier tel qu'en l'ajoutant au dénominateur, la valeur de la fraction reste la même? ·

**105.** Prouver qu'on ne saurait avoir dans aucun cas $\frac{a}{b} + \frac{c}{d} = \frac{a+c}{b+d}$.

**106.** Quel nombre faut-il ajouter aux deux termes de la fraction $\frac{5}{8}$ pour que la nouvelle fraction diffère de l'unité de moins de $\frac{1}{1000}$?

**107.** Etant donnée une fraction irréductible $\frac{a}{b}$, à quel caractère reconnaîtra-t-on qu'elle peut être remplacée par une fraction équivalente ayant pour dénominateur un nombre donné $d$?

**108.** Peut-on convertir la fraction $\frac{13}{32}$ en une fraction équivalente ayant 840 pour dénominateur?

**109.** Remplacer la fraction $\frac{22}{7}$ par une somme de fractions ayant chacune pour dénominateur une puissance de 3.

**110.** Dans quel cas une fraction ordinaire irréductible peut-elle être remplacée par une somme de fractions ayant pour dénominateurs les puissances d'un nombre donné N.

**111.** On a dans un vase un mélange de 5 litres d'eau et de 7 litres de vin; on retire deux litres du mélange. Quelles sont les quantités d'eau et de vin qui restent dans le vase?

**112.** Une personne laisse en mourant la moitié de son bien à une première personne, le tiers à une seconde, le dixième à une troisième et 4800$^f$ qui restent à une quatrième personne : ceci posé, on demande de trouver la valeur totale de l'héritage et la part de chaque personne.

113. Un ouvrier fait un travail en 2 jours $\frac{1}{2}$, un second ouvrier fait le même travail en 2 jours $\frac{2}{3}$ et un troisième ouvrier en 4 jours $\frac{4}{5}$. Ceci posé, on demande en combien de temps les trois ouvriers feront l'ouvrage en travaillant ensemble.

114. Une fontaine remplit un bassin en 1 heure $\frac{3}{4}$, une seconde le remplit en 2 heures $\frac{1}{2}$, et une soupape le vide en 10 heures. Ceci posé, on demande en combien de temps le bassin sera rempli si l'on ouvre en même temps les deux fontaines et la soupape.

115. On retranche d'un nombre ses $\frac{3}{7}$ ; du reste, ses $\frac{5}{9}$ ; du nouveau reste, ses $\frac{3}{8}$ ; du troisième reste, ses $\frac{2}{5}$ : le dernier reste ainsi obtenu vaut 12. Trouver le nombre.

116. Trouver un nombre sachant qu'il surpasse ses $\frac{7}{11}$ de 820.

117. Trouver un nombre tel qu'en le divisant par $\frac{3}{8}$ on obtienne pour résultat le dividende augmenté de 100.

118. On a 330 kilogrammes d'eau salée contenant 8 pour cent de sel ; on y fait dissoudre 6 kilogrammes de sel : combien le nouveau liquide contiendra-t-il pour cent de sel ?

119. Une fontaine donne 25 litres d'eau en 14 minutes ; une autre fontaine donne 41 litres en 21 minutes : quelle est la fontaine qui donne le plus d'eau dans le même temps ? — Au bout de combien de temps la fontaine qui coule le plus vite aura-t-elle donné 100 litres de plus que l'autre ?

120. Un négociant augmente sa fortune au bout d'une année du quart de ce qu'elle était au commencement de l'année ; au bout de la deuxième année il l'augmente du cinquième de ce qu'elle était au commencement de cette deuxième année ; au bout de la troisième année il l'augmente du sixième de ce qu'elle était au commencement de cette troisième année. Déterminer ce qu'était sa fortune à l'origine de la première année, sachant qu'au bout de trois ans elle s'élève à 200000ᶠ.

121. Un vase contenant 50 litres d'un mélange d'eau et de vin contenant 32 litres de vin, 18 litres d'eau ; on enlève 10 litres du mélange que l'on remplace par 10 litres d'eau. Ceci posé, on demande quelles seront les quantités d'eau et de vin composant le nouveau mélange.

122. Une personne se met au jeu et perd les $\frac{7}{15}$ de ce qu'elle possède ; elle regagne ensuite les $\frac{11}{12}$ de ce qui lui restait et se retire avec 920$^f$. Combien avait elle en se mettant au jeu ?

123. Une personne achète 3 objets qu'elle paie chacun le même prix ; elle vend ces trois objets en faisant sur le premier un bénéfice des $\frac{2}{3}$ de sa valeur, sur le second un bénéfice des $\frac{7}{12}$ de sa valeur et sur le troisième une perte des $\frac{3}{8}$ de sa valeur ; il lui reste un bénéfice de 70$^f$, quel prix a-t-elle payé les trois objets?

124. Une montre marque midi : déterminer les heures de rencontre des deux aiguilles de midi à minuit.

125. Une montre marque midi : à quelle heure aura lieu la première rencontre des deux aiguilles si l'on suppose que celle des minutes tourne en sens contraire de celle des heures ?

126. Trouver un nombre sachant que si on le diminue de 13 unités, le résultat n'est plus que les $\frac{3}{4}$ des $\frac{5}{7}$ de ce nombre.

127. Trouver deux nombres sachant que leur différence est égale à 80 et que le plus petit est les $\frac{3}{7}$ du plus grand.

128. On mélange 12 litres de vin contenant $\frac{1}{5}$ d'eau avec 17 litres de vin contenant $\frac{1}{7}$ d'eau : quelle est la quantité d'eau entrant dans le mélange !

129. Une balle élastique rebondit aux $\frac{3}{5}$ de la hauteur à laquelle elle est tombée ; après avoir rebondi trois fois, elle s'élève à 1$^m$,35 de hauteur : de quelle hauteur est-elle tombée la première fois ?

130. Partager $\frac{2}{5}$ en deux parties telles que le quotient de la première partie par la seconde soit égal à $\frac{4}{7}$

131. Partager 490$^f$ en trois parties telles que les $\frac{2}{3}$ de la première, les $\frac{3}{4}$ de la seconde et les $\frac{4}{5}$ de la troisième soient égaux.

132. Trouver un nombre tel que si on lui ajoute 10 unités, le résultat soit égal aux $\frac{2}{3}$ du nombre augmentés de ses $\frac{4}{7}$.

133. On a acheté des objets en payant 3$^f$ pour 11 d'entre eux et on les a vendus à raison de 5$^f$ la douzaine ; on a ainsi gagné 38$^f$ : combien a-t-on vendu de ces objets ?

134. Deux personnes ont perdu : la première les $\frac{7}{11}$ de sa fortune et la seconde les $\frac{4}{5}$ de la sienne. Il reste à la première 1000$^f$ de plus qu'à la seconde. Trouver la fortune de chacune d'elles sachant que la première possédait 500$^f$ de plus que la seconde.

135. On a payé deux objets 5800$^f$ ; le prix du premier est égal au triple du prix du second plus les $\frac{5}{6}$ de ce prix : quel est le prix de chaque objet ?

136. On achète un objet que l'on vend 931$^f$ en faisant un bénéfice de 33 pour cent sur le prix d'achat : quel est le prix d'achat ?

137. On vend un objet 574$^f$ en perdant 18 pour cent sur le prix d'achat : trouver le prix d'achat ?

138. Les $\frac{2}{3}$ des $\frac{4}{5}$ d'une somme d'argent valent cette somme diminuée de 140$^f$. Evaluer la somme d'argent.

139. On prend les $\frac{3}{5}$ d'un nombre, les $\frac{3}{5}$ du reste et encore les $\frac{3}{5}$ du nouveau reste ; le résultat est égal aux $\frac{2}{5}$ du nombre augmentés de 67 unités : quel est le nombre ?

## Fractions décimales.

140. Existe-t-il une fraction ordinaire qui, convertie en décimales, donne naissance à la fraction périodique 0,99999… ?

141. Former un multiple de 7 composé exclusivement de chiffres 9.

142. Etant donné un nombre quelconque, peut-on toujours trouver un multiple de ce nombre formé exclusivement de chiffres 9 ?

143. La somme de deux fractions décimales périodiques simples est-elle nécessairement une fraction décimale périodique simple ?

144. Même question pour la différence, le produit, le quotient de deux fractions décimales périodiques simples.

**145.** Ayant à diviser un nombre A par un autre nombre B, on divise B par A et l'on trouve 0,00256 pour quotient : quel est le quotient de la division de A par B ?

**146.** De quelle quantité les 0,35 de 0,35 diffèrent-ils du nombre 0,35 ?

**147.** Réduire en décimales la fraction $\dfrac{7}{11}$ sans faire la division du numérateur par le dénominateur.

**148.** Démontrer que $\dfrac{25}{37} = \dfrac{2525}{3737}$.

*Racine carrée.*

**149.** Démontrer que le carré d'un nombre premier autre que 2 et 3 est égal à un multiple de 24 augmenté d'une unité.

**150.** Démontrer que tout nombre entier carré parfait est un multiple de 4 ou un multiple de 4 augmenté d'une unité.

**151.** Démontrer que tout nombre entier carré parfait est un multiple de 3 ou un multiple de 3 augmenté d'une unité.

**152.** Démontrer que tout nombre entier terminé par le chiffre 6 ne peut être carré parfait lorsque le chiffre de ses dizaines est pair.

**153.** Démontrer que tout nombre entier terminé par un des chiffres 1, 4 ou 9, ne peut être carré parfait si le chiffre de ses dizaines est impair.

**154.** Démontrer que la différence entre les différences successives des carrés de nombres entiers consécutifs est toujours égale à 2.

**155.** Démontrer que la différence des carrés de deux nombres impairs est toujours un multiple de 8.

**156.** Démontrer que tout nombre pair carré parfait est un multiple de 16 ou un multiple de 16 augmenté de 4.

**157.** Démontrer que tout nombre impair est égal à la différence des carrés de deux nombres.

**158.** Démontrer que tout multiple de 4 est la différence de deux carrés.

**159.** Démontrer que le carré d'un nombre impair est un multiple de 8 augmenté d'une unité.

**160.** Démontrer que la somme des $n$ premiers nombres impairs est égale au carré du nombre $n$.

**161.** Trouver un nombre tel que son carré le surpasse de 182.

**162.** Extraire à vue la racine carrée à moins d'une unité du produit $854 \times 856$.

**163.** On extrait à moins d'une unité la racine carrée du nombre 171 : quelle est la plus petite fraction de la forme $\dfrac{1}{n}$ qui représente l'approximation du résultat obtenu ?

**164.** Prouver que $a$ étant un nombre entier, la différence $\sqrt{a+1}$ — $\sqrt{a}$ diminue lorsque $a$ augmente.

**165.** Trouver un nombre qui soit les $\dfrac{7}{11}$ de son carré.

**166.** Dans quel cas en extrayant à moins de $\dfrac{1}{b}$ par défaut ou par excès la racine carrée d'une fraction irréductible $\dfrac{a}{b}$, obtient-on pour résultat la fraction $\dfrac{a}{b}$ elle-même ?

### Racine cubique.

**167.** Démontrer que la différence qui existe entre les cubes de deux nombres entiers consécutifs est un multiple de 6 augmenté d'une unité.

**168.** Trouver deux nombres entiers consécutifs sachant que la différence de leurs cubes est égale à 2269.

**169.** Extraire à vue la racine cubique du nombre 262144 sachant que ce nombre est un cube parfait.

**170.** Extraire à vue la racine cubique du produit

$$37(37 + 1) \, (37 + 2).$$

**171.** Un nombre entier peut-il admettre comme diviseur la racine cubique du plus grand cube entier qu'il contient ?

**172.** Démontrer que tout nombre entier cube parfait terminé par l'un des chiffres 4 ou 8, a pour chiffre des dizaines un chiffre pair.

**173.** Démontrer que tout nombre entier cube parfait terminé par l'un des chiffres 2 ou 6 a pour chiffre des dizaines un chiffre impair.

**174.** Démontrer que lorsqu'un nombre entier cube parfait est terminé par un 5, le chiffre de ses dizaines est nécessairement 2 ou 7.

**175.** Démontrer que tout nombre entier cube parfait est un multiple de 9 ou un multiple de 9 augmenté ou diminué d'une unité.

## Système métrique.

176. Trouver le rapport qui existe entre le poids du cuivre et celui de l'argent pur qui entrent dans une pièce de un franc.

177. Même question pour une pièce de cinq francs.

178. Quelle est la valeur d'une somme d'argent qui pèse autant que 28 centilitres d'eau distillée à 4 degrés.

179. Trouver le rapport qui existe à poids égal entre les valeurs de l'or et de l'argent monnayé. — Ce rapport est-il le même que celui qui existe entre les valeurs de l'or et de l'argent pur?

180. Deux mobiles se meuvent sur une circonférence en allant l'un vers l'autre ; l'arc qui les sépare vaut 100°. Le premier mobile parcourt un arc de 10°.52' par heure et le second un arc de 13°.25' par heure : au bout de combien de temps les deux mobiles se rencontreront-ils ?

181. Une montre avance chaque jour de 5 minutes, 12 secondes; on suppose qu'elle marque exactement l'heure au moment actuel : au bout de combien de temps marquera-t-elle de nouveau l'heure exacte?

182. Trouver l'angle que forment entre elles les aiguilles d'une montre lorsqu'il est 4 heures 35 minutes.

183. Une fontaine débite 3 hectolitres, 7 litres, 8 centilitres en 2 heures, 25 minutes, 12 secondes; combien de temps mettra-t-elle pour remplir un bassin ayant 18 mètres cubes, 5 décimètres cubes de capacité ?

184. Cent kilogrammes d'eau salée contiennent 512 grammes de sel. On ajoute au mélange cinquante kilogrammes d'eau pure; combien 250 hectogrammes du nouveau mélange contiendront-ils de sel?

185. Calculer en degrés, minutes et secondes le chemin parcouru par un astre en 4 heures, 25 minutes, 12 secondes, sachant que l'astre parcourt 15 degrés en une heure.

186. Evaluer les 0,517 d'une circonférence en degrés, minutes et secondes.

187. Evaluer les $\frac{5}{7}$ des $\frac{11}{13}$ d'un quadrant en degrés, minutes et secondes.

188. On sait que le quart du méridien terrestre vaut 5130740 toises et que le mètre est égal à la dix-millionième partie de cette longueur : ceci posé, on demande ce que valent en mètres 57060 toises.

189. Trouver la valeur en toises, pieds, pouces, lignes, d'un décamètre.

## Règle de trois.

190. Cinq ouvriers ont travaillé pendant 7 heures pour faire 19 mètres d'ouvrage : faudra-t-il plus ou moins de 10 ouvriers pour faire 30 mètres du même ouvrage en 8 heures ?

191. Un navire a des vivres pour 15 jours, mais il doit tenir la mer pendant 22 jours : à combien doit-on réduire la ration de 500 grammes de biscuit ?

192. Un navire a 30 hommes d'équipage qui reçoivent chacun par jour 700 grammes de biscuit; le navire recueille 12 naufragés; à combien doit-on réduire la ration de chaque homme?

193. Une citadelle renferme 1800 hommes qui ont des vivres pour 6 mois : combien faut-il faire sortir d'hommes pour que les vivres puissent durer 8 mois ?

194. Une citadelle renferme 1200 hommes qui reçoivent chacun par jour 840 grammes de pain. On y introduit un certain nombre d'hommes tel qu'il faut réduire la ration à 700 grammes : quel nombre d'hommes a-t-on fait entrer ?

195. On achète un objet 827$^f$ et on le revend 909$^f$,70; combien gagne-t-on pour cent?

196. Il a fallu 108 mètres d'étoffe ayant 1$^m$,25 de largeur pour tendre un appartement; combien en aurait-il fallu de mètres si la largeur eût été de 1$^m$,80 ?

197. Une même surface peut être recouverte entièrement en employant 12 pièces d'étoffe ayant chacune 25$^m$,50 de longueur et 0$^m$,65 de largeur, ou en employant 15 pièces d'étoffe ayant chacune 18$^m$,50 de longueur : quelle est la largeur de ces dernières pièces ?

198. On a payé 800$^f$ à 12 ouvriers qui ont travaillé 8 heures par jour pendant 14 jours ; quel prix aurait-on à payer à 15 ouvriers qui travailleraient 7 heures par jour pendant 11 jours ?

## Intérêts simples.

199. Trouver le prix auquel on a acheté un objet, sachant qu'en revendant cet objet moyennant 840$^f$, on a fait un bénéfice de 40 % sur le prix d'achat.

200. Quelle somme faut-il placer au taux de 5 % pendant 11 mois pour avoir, capital et intérêts réunis 1004$^f$ ?

201. Un capital de 5372$^f$ a produit 103$^f$,25 d'intérêt en 5 mois 10 jours : combien un capital de 3758$^f$ produira-t-il au même taux en 7 mois 13 jours ?

202. Une personne emprunte une somme de 1860$^f$ pour 5 mois au taux de 5 pour cent : combien aura-t-elle à rembourser à son créancier ?

203. Un capital placé à 6 %/$_0$ a rapporté un intérêt égal aux $\frac{3}{4}$ de sa valeur : pendant combien de temps est-il resté placé ?

204. Un capital qui est resté placé pendant 4 ans a rapporté un intérêt égal au cinquième de sa valeur ; à quel taux le capital était-il placé ?

205. A quel taux était placé un capital qui a augmenté en 8 mois de $\frac{1}{30°}$ de sa valeur ?

206. Un capital placé pendant 15 jours a rapporté un intérêt égal au taux auquel il était placé : quelle est la valeur de ce capital ?

207. Un capital de 3600$^f$ a rapporté un intérêt égal au triple du taux auquel il avait été placé : pendant combien de temps est-il resté placé ?

208. Des obligations au porteur de 1000$^f$ chacune rapportent 50$^f$ par an ; on prend ces obligations à 1045$^f$ : à quel taux place-t-on ainsi son argent ?

209. Une personne emprunte 1000$^f$ ; elle doit rendre 300$^f$ dans 6 mois, 300$^f$ dans 8 mois, 300$^f$ dans 10 mois et 100$^f$ dans un an. Quelle somme le prêteur devra-t-il remettre à la personne, s'il prélève d'avance les intérêts eu égard aux remboursements successifs ? Le taux est 5 %/$_0$.

210. On a deux paiements à effectuer, l'un de 15000$^f$ au bout de 4 ans 6 mois, l'autre de 27000$^f$ au bout de 7 ans 8 mois. On voudrait s'acquitter en une fois au moyen d'un paiement de 42000$^f$. On demande à quelle époque ce paiement unique devra s'effectuer. Le taux de l'intérêt est 5 %/$_0$.

211. Deux sommes d'argent ont été placées, l'une à 5 %/$_0$, l'autre à 4 $\frac{1}{2}$ %/$_0$ ; les intérêts rapportés par ces deux sommes dans le même temps sont entre eux comme 6 est à 7 : quel est le rapport qui existe entre les deux sommes d'argent ?

212. On touche 15000$^f$ sur une succession après avoir acquitté les

frais d'héritage qui se sont élevés à 9 % : quel était le montant de la succession ?

213. Un capital est devenu 1925$^f$,10 au bout de 7 mois et 1962$^f$,30 au bout de 11 mois : trouver la valeur de ce capital et le taux auquel il était placé.

214. Une personne possède 60000$^f$ ; elle place une partie de cette somme à 5 $^1/_2$ %, l'autre partie à 4 $^3/_4$ % et se fait ainsi un revenu de 3100$^f$. On demande la valeur de chacune des sommes placées à 5 $^1/_2$ et à 4 $^3/_4$ %.

215. On veut placer une somme de 72000$^f$, partie à 5 $^1/_4$ %, partie à 4 $^1/_2$ %, de telle sorte que le revenu soit le même que si la somme totale était placée à 5 % : comment doit-on partager la somme totale ?

216. Deux sommes d'argent placées pendant le même temps, l'une au taux de 5 % et l'autre au taux de 4 $^1/_2$ % ont rapporté le même intérêt : trouver la valeur de chacune d'elles sachant que réunies, elles forment un capital de 100000$^f$.

217. Deux sommes d'argent, l'une de 1700$^f$, l'autre de 900$^f$, placées au même taux, ont rapporté le même intérêt : calculer le rapport des temps pendant lesquels elles sont restées placées.

## Escompte.

218. Escompter en dehors et en dedans à 5 % un billet de 4520$^f$ payable dans 3 mois.

219. Une personne doit 5000$^f$ ; elle remet à son créancier un billet de 4200$^f$ payable dans 4 mois. Combien doit-elle ajouter d'argent comptant pour acquitter sa dette ? Le taux de l'escompte est 6 %.

220. A quel taux place-t-on son argent lorsqu'on escompte en dehors à 5 % ?

221. A quel taux faudrait-il escompter en dehors pour retirer 5 % de son argent ?

222. On a remis en échange d'un billet payable dans 3 mois et escompté au taux de 6 % une somme de 1783$^f$,50. Quel était le montant du billet ?

223. Un billet est payable dans 3 mois ; on l'escompte en dehors au taux de 5 % et l'on remet au porteur une somme de 872$^f$ : qu'a-t-on retenu sur le montant du billet ?

224. A quel taux a été escompté en dehors un billet de 2001$^f$ payable dans 45 jours et en échange duquel on a reçu 7955$^f$ ?

225. A quelle époque était payable un billet de 1440$^f$ dont l'escompte en dehors à 5 $^o/_o$ s'est élevé à 25$^f$?

226. A quelle époque étaient payables 1200$^f$ de marchandises qu'on a payées comptant 1160$^f$ en profitant d'un escompte de 6 $^o/_o$ par an?

227. On achète des marchandises payables dans 3 mois; on paie comptant 1970$^f$ en profitant d'un escompte de 6 $^o/_o$ par an; quel est le prix des marchandises?

228. Calculer le montant d'un billet, connaissant l'escompte en dehors et l'escompte en dedans de ce billet.

229. Trouver le montant d'un billet payable dans 3 mois, sachant que si on l'escompte successivement en dehors et en dedans au taux de 6 $^o/_o$, la différence des deux escomptes est égale à 0$^f$,22.

## *Rentes sur l'Etat.*

230. On achète 1200$^f$ de rentes 3 $^o/_o$ au cours de 62$^f$, et 800$^f$ de rentes 5 $^o/_o$ au cours de 98$^f$; à quel taux se trouve ainsi placée la somme entière que l'on a consacrée à ces achats?

231. La rente 3 $^o/_o$ étant au cours de 63$^f$ et la rente 5 $^o/_o$ au cours de 107$^f$, quel est le plus élevé de ces deux cours?

232. La rente 5 $^o/_o$ étant au cours de 102$^f$, quel doit être le cours de la rente 3 $^o/_o$ pour que les deux rentes rapportent le même intérêt?

233. Le cours de la rente 5 $^o/_o$ s'élève de 0$^f$,70; de combien doit s'élever le cours de la rente 3 $^o/_o$, si la hausse se fait égale sur l'une et l'autre rente?

234. Une personne achète 1200$^f$ de rentes 3 $^o/_o$ au cours de 51$^f$; elle vend ses rentes quelque temps après et fait ainsi un bénéfice de 2000$^f$; à quel cours a-t-elle vendu?

235. Une personne possède 2400$^f$ de rentes 5 $^o/_o$; elle les vend au cours de 98$^f$ et achète en échange de la rente 3 $^o/_o$ au cours de 61$^f$; que devient son revenu?

236. Deux personnes possèdent le même revenu, l'une en rentes 5 $^o/_o$, l'autre en rentes 3 $^o/_o$: à un certain moment, leurs revenus sont représentés par le même capital, le cours de la rente 5 $^o/_o$ étant de 99$^f$,50; quel est à ce moment le cours de la rente 3 $^o/_o$?

### Partages proportionnels et règles de société.

237. Partager 88° 21' 13″ en parties proportionnelles aux nombres 3, 2 ; 5, 3 et 8, 5.

238. Partager le nombre 817,25 en parties proportionnelles à trois arcs, le premier de 12° 45, le second de 15° 20' et le troisième de 19° 11'.

239. Partager 6900ᶠ entre 3 personnes de telle sorte que la part de la première soit à la part de la seconde comme 2 est à 3 et que la part de la seconde soit à celle de la troisième comme 5 est à 7.

240. Partager 1000ᶠ entre 3 personnes de telle sorte que la part de la première soit à la part de la seconde comme $2 + \dfrac{5}{7}$ est à $3 + \dfrac{4}{9}$, et que la part de la seconde soit à la part de la troisième comme $4 + \dfrac{5}{7}$ est à $5 + \dfrac{6}{11}$.

241. Partager 1 en parties proportionnelles à $\sqrt{2}$ et $\sqrt{3}$. On calculera les résultats à moins de 0,001.

242. Partager une somme de 5328ᶠ entre trois personnes de telle sorte que la part de la première personne soit égale aux $\dfrac{2}{3}$ de la part de la seconde augmentés de 175ᶠ, et que la part de la seconde personne soit égale aux $\dfrac{4}{5}$ de la part de la troisième diminués de 60ᶠ.

243. Partager le nombre 180 en trois parties dont les carrés soient proportionnels aux nombres 50, 72 et 98.

244. La somme des deux mises de deux associés est de 3000ᶠ et la mise du second est les $^3/_7$ de celle du premier. Le bénéfice est égal aux $\dfrac{2}{5}$ de la mise du premier. Quelle part de ce bénéfice revient à chacun des associés ?

245. Deux associés ont fait un bénéfice de 5250ᶠ ; le premier a reçu 3000ᶠ et le second 2250ᶠ : déterminer la mise de chacun d'eux, sachant que la somme de ces mises est égale à 10000ᶠ.

246. Trois associés ont mis ensemble 25000ᶠ et ont fait un bénéfice de 7250ᶠ ; le premier a reçu pour sa part 3400ᶠ, le second 2500ᶠ. Quelle est la mise de chacun des associés ?

## Mélanges et alliages.

**247.** Un mélange de 200 litres de vin à 1ᶠ,25 et à 0ᶠ,90 coûte 200ᶠ. Combien le mélange contient-il de litres de chaque espèce de vin?

**248.** On a 500 litres de vin à 1ᶠ,25 ; on y ajoute 100 litres d'eau et l'on demande combien il faut ajouter au mélange de litres de vin à 0ᶠ,90 pour que le litre de ce dern̲er mélange coûte 1ᶠ,00 ?

**249.** On a formé 1350 litres de vin avec des vins à 1ᶠ,50 et 0ᶠ,90 ; le prix du mélange est 1ᶠ le litre : de combien de litres de vin de chaque espèce le mélange est-il formé ?

**250.** On a 3 hectolitres de vin à 1ᶠ,20 le litre ; on enlève 50 litres que l'on remplace par du vin à 0ᶠ,70 : que devient le prix du litre ?

**251.** Combien faut-il ajouter d'eau à une certaine quantité de vin pour que le prix du mélange soit les $\dfrac{5}{7}$ du prix du vin?

**252.** Une pièce de monnaie en or a pour titre 0,916 et pèse 7ᵍʳ,98 : quelle est sa valeur ?

**253.** Combien peut-cn faire de pièces de un franc avec 12 kilogrammes d'argenterie au titre de 0,950 ?

**254.** On a un lingot d'argent au titre de 0,920 ; on lui enlève un certain poids d'argent pur que l'on remplace par un poids égal de cuivre, et le nouvel alliage a pour titre 0,835 ; quelle quantité d'argent a-t-on enlevée?

**255.** On a un lingot d'or au titre de 0,920 ; on lui enlève 30 grammes d'or pur que l'on remplace par un poids égal de cuivre, et le titre devient 0,900 : quel est le poids du lingot?

**256.** Les pièces de cinq francs sont au titre de 0,900 et les pièces de un franc au titre de 0,835. Ceci posé, on demande combien on peut faire de pièces de un franc avec cent pièces de cinq francs.

**257.** Quelle quantité de cuivre faut-il ajouter à un lingot d'or pesant 600 grammes pour que le titre devienne les $\dfrac{11}{12}$ de ce qu'il était primitivement.

**258.** On a allié 3ᴷ d'argent pur avec 5ᴷ de cuivre ; combien faut-il ajouter d'argent pur pour que le titre de l'alliage devienne 0,900?

**259.** On a formé un lingot pesant 1250 grammes avec de l'or pur et de l'or au titre de 0,750. Le titre du lingot est 0,840 : quel poids d'or pur a-t-on ajouté à l'or au titre de 0,750.

260. On a un lingot d'or pesant 800$^{gr}$ au titre de 0,900. On lui enlève 50 grammes que l'on remplace par 50 grammes de cuivre : que devient le titre du lingot ?

261. On a fondu ensemble 200 pièces de cinq francs en agent et 200 pièces de un franc : trouver le titre de l'alliage résultant.

262. On a deux lingots d'or ; le premier contient 920 grammes d'or pur et 80 grammes de cuivre, le second contient 1650 grammes d'or pur et 50 grammes de cuivre : combien faut-il prendre de grammes de chaque lingot pour former 800 grammes d'un lingot contenant 760 grammes d'or pur ?

### *Approximations.*

263. On convertit en décimales les fractions $\dfrac{113}{355}$ et $\dfrac{113}{356}$ : à partir de quel chiffre les résultats commenceront-ils à différer ?

264. A partir de quel chiffre la racine carrée du nombre 345 commence-t-elle à différer de la racine du nombre 346 ?

265. Avec quelle approximation aura-t-on la valeur de l'expression $\dfrac{1}{\sqrt{2}+\sqrt{3}}$ si l'on prend $\sqrt{2}=1,41$ et $\sqrt{3}=1,73$ ?

266. On prend $\pi = 3,141$ et on élève ce nombre au cube; quelle est l'approximation du résultat ?

267. Combien faut-il prendre de chiffres dans $\pi$ pour qu'en l'élevant à la 4$^e$ puissance, l'erreur du résultat soit inférieure à 0,01 ?

268. Calculer à 0,01 près la racine carrée de l'expression $\dfrac{2\pi+49}{8-\pi}$.

269. Calculer à 0,001 près la racine carrée de l'expression

$$\frac{\sqrt{355}+\sqrt{113}}{\sqrt{355}-\sqrt{113}}.$$

270. Calculer à 0,01 près la valeur de l'expression $\sqrt{100+\sqrt{10}}$.

271. Calculer $\sqrt{\dfrac{24}{6-\pi}}$ à 0,001 près.

272. Calculer $800 \sqrt{2 - \sqrt{3}}$ à 0,01 près.

273. Calculer $\dfrac{\sqrt{5} - 1}{3 - \sqrt{5}}$ à 0,01 près.

274. Calculer $\sqrt{\dfrac{40}{4\pi + 3\sqrt{3}}}$ à 0,001 près.

275. Calculer $\sqrt[3]{\dfrac{\sqrt{2}}{36}}$ à 0,001 près.

276. Calculer $30 \sqrt[4]{3}$ à 0,001 près.

277. Calculer $30 \sqrt{2 + \sqrt{3}}$ à 0,01 près.

278. Calculer $8000 \sqrt{2 - \sqrt{2}}$ à 0,001 près.

279. Calculer $\sqrt{85 + \sqrt{84 + \sqrt{83}}}$ à 0,001 près.

280. Évaluer à moins de 0,001 les dimensions du litre destiné à mesurer les liquides sachant que c'est un cylindre dont la hauteur est double du diamètre de la base.

281. Calculer à $0^m,001$ près le rayon d'un cercle dans lequel un secteur, dont l'arc est de $22° 30'$, a pour surface 10 mètres carrés.

282. Calculer à $0^m,001$ près le côté du carré équivalent à un cercle de 20 mètres de rayon.

283. La capacité d'un cylindre à base circulaire est un hectolitre ; sa hauteur $= 1$ mètre, et l'on demande de calculer le rayon de sa base à $0^m,001$ près.

284. Les surfaces de deux triangles semblables sont comme 5 est à 14 ; calculer à $0^m,001$ près le rapport de deux côtés homologues.

285. Un triangle équilatéral est inscrit dans un cercle : la somme des aires du triangle et du cercle $= 10$ mètres carrés: calculer à $0^m,001$ près le rayon du cercle.

286. Calculer à $0^m,001$ près le côté du carré équivalent au triangle équilatéral de 60 mètres du côté.

287. On verse 72 hectogrammes de mercure dans un vase cylindrique dont le diamètre intérieur est égal à 1 décimètre : calculer à $0^m,0001$ près la hauteur à laquelle le mercure s'élèvera dans le vase. La densité du mercure $= 13,596$

288. Calculer à $0^m,001$ près la longueur d'une circonférence inscrite dans un triangle équilatéral de $7^m,35$ de côté.

239. Calculer à $0^m,01$ près le côté d'un polygone régulier de 12 côtés inscrit dans un cercle de 800 mètres de rayon.

290. Calculer à $0^m,01$ près le côté d'un polygone régulier de 24 côtés nscrit dans un cercle de 1 mètre de rayon.

FIN.

# TABLE DES MATIÈRES

## CHAPITRE V.

### SYSTÈME MÉTRIQUE.

## CHAPITRE VI.

### RAPPORTS ET PROPORTIONS.

## CHAPITRE VII.

### GRANDEURS PROPORTIONNELLES. — PROBLÈMES.

## CHAPITRE VIII.

### OPÉRATIONS ABRÉGÉES. — ERREURS RELATIVES.

FIN DE LA TABLE.

ABBEVILLE. — TYP. ET STÉR. GUSTAVE RETAUX.

www.ingramcontent.com/pod-product-compliance
Lightning Source LLC
Chambersburg PA
CBHW072052080426
42733CB00010B/2086